# 青岛里院视觉档案

ADA 研究中心
现代建筑研究所
世界聚落文化研究所

# 3

中国建筑工业出版社

# 序

　　青岛里院建筑是自二十世纪一二十年代开始，伴随着德国和日本殖民城市的发展而产生的一种住宅建筑形态。据不完全统计，现存的里院建筑大约有 275 个。其特征是围合式的院落形态，建筑本身是当时由德国、俄国、日本及中国的建筑师所设计。

　　里院建筑产生的背景是伴随着殖民地城市的迅速扩张而所带来人口迅速膨胀，为解决急速增加的人口的居住问题所采用的一种住宅布局形式。这样的一种围合式的院落布局形式令人不禁想起产生于 19 世纪后半叶位于法国埃纳省吉斯市的法米里斯泰尔集合住宅。记得那几栋住宅的产生是由当地工厂主巴蒂斯特·安德烈·果丹设计并兴建的，其目的是为当时迅速集结到城市的工人所设计的一种集合住宅。据说当时那几栋院落式住宅为 1000 多人提供了 300 多套的住房。连续的三个围合的院落布局，以连廊彼此相连，且周边还配有剧场、学校和幼儿园。而住宅所围合的中间院落是为居民集会和举行庆典的场所，同时由于中心院落的存在，也使得生活在其中的居民形成公共的心态，并使彼此之间的行为受到制约，进而也保证了整体秩序得以维持。如此这般以围合形成的里院式的布局，据说还源于傅立叶的一种乌托邦的建造思想，即通过这样的一种围合方式，为工人阶级形成一种合作社的组织形态。

　　这样的一种里院式的围合形态同样地还不禁令人想起存在于中国福建一带，作为客家的典型居住形态——圆楼和方楼的围合式布局。尽管圆楼和方楼的围合式布局是为了维持一个家族生命共同体的生存，并使家族形成一个完整的合作形态。尽管已经在中国民间存在了几百年，却与几百年之后依据傅立叶思想所建造的法米里斯泰尔集合住宅有惊人的相似。在客家的方楼和圆楼里我们同样可以看到居民的整体的秩序。由住所围合成的方楼和圆楼的中间部分也是整个居民们的一个公共的活动场所和公共设施的安置地。

　　福建的圆楼和方楼迄今为止已有几百年的历史，位于法国埃纳省吉斯市的法米里斯泰尔集合住宅距今也有一百多年的历史，而几近百年历史存在的青岛里院建筑至今作为一种居住形态仍然服务着居民并维持着其生命力的延续。在这里，我们看不到所谓东方和西方、传统和现代的巨大分歧，我们看到的只有为了解决生活问题所表现出的智慧与思想。

　　伴随着青岛城市新老建筑的加速更替，青岛里院建筑作为一种居住形态正在不断的被另外一种居住形态所替代。里院式的居住布局是否与我们这个时代的居住方式相适应，或者作为一种合作体或称之为共同体的一种居住形态，是否已经失去了存在的意义，我们在此姑且不去争论，但里院建筑作为一个曾经的时代的遗迹存留，在其即将退出历史舞台的前夜，将它记录下来的工作我们的确感到已经刻不容缓。

王　昀

2015 年 4 月于 ADA 研究中心

# 第三辑 目 录

青岛里院视觉档案

# 1. 芝罘路 6 号

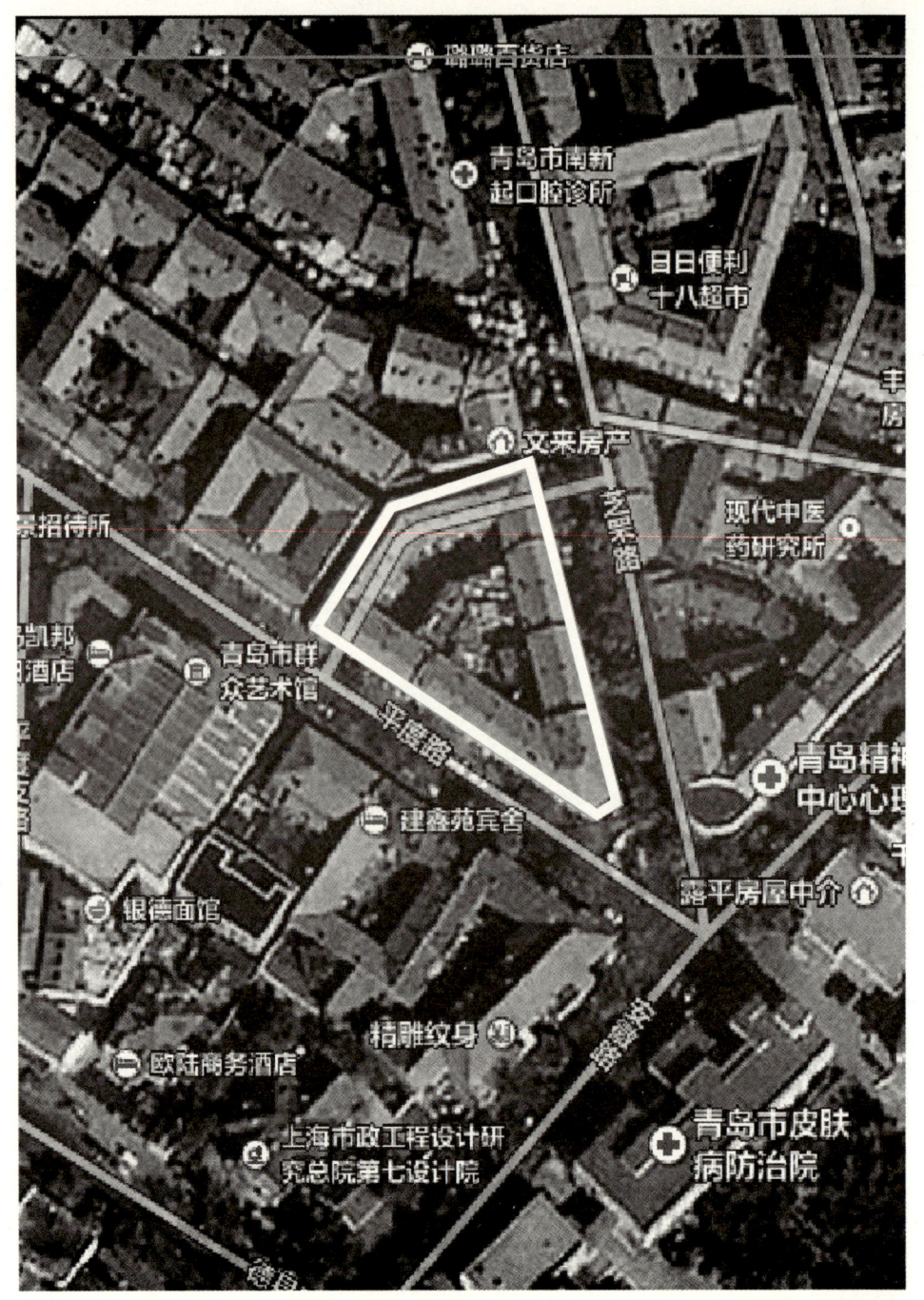

芝罘路 6 号院位于芝罘路西侧，占地面积约 1500 平方米，是一个五边形的院落。里院主体采用砖混结构。

站在芝罘路 6 号院后院西南侧三层外廊向东北看

站在后院北侧三层外廊看向东北　　站在外廊看向楼梯

站在二层的楼梯间　　　　　　　　站在二层的楼梯间 　　　　　　　　站在芝罘路南端向西北看 6 号院街角处的入口

站在院北侧的二层外廊向南看

站在二层屋顶由西向东看前院楼梯

站在院东北角向西南看

站在东南侧的三层外廊向西北看

# 2. 芝罘路 9 号

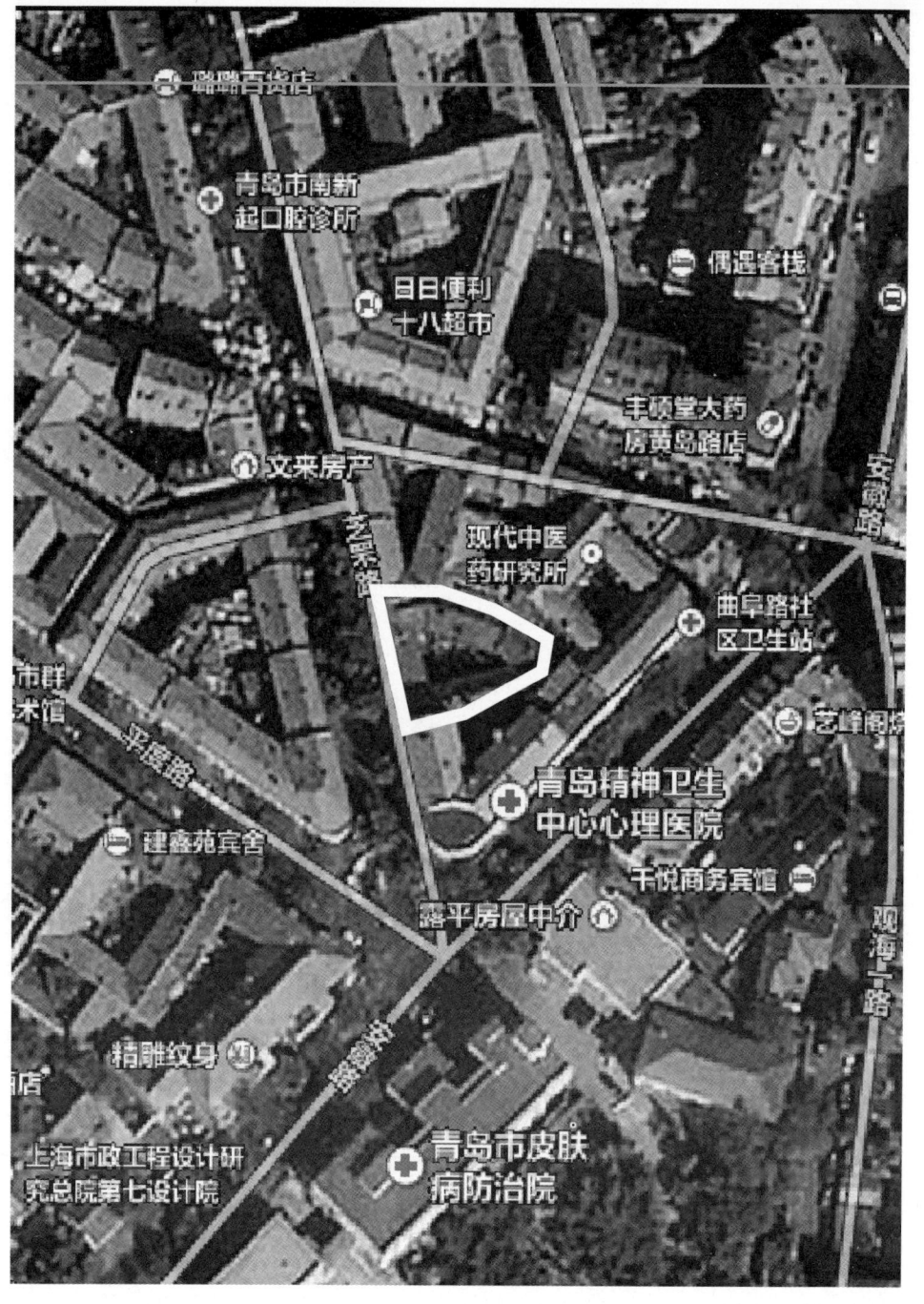

芝罘路 9 号院位于芝罘路东侧，占地面积约 600 平方米，是一个五边形的院落。内部二层外廊木构，里院主体采用砖混结构。

站在北侧二层外廊向西南看

站在东南角楼梯上向西看

站在东南角楼梯上向西看

站在院内向东看东南角楼梯

站在院内西南侧向东看　　　　　站在位于东南侧上的楼梯上　　　　　　　　　　　　　　站在北侧二层外廊向南看

站在院内东南角向南看　　　　　　　　　　　　　　　　　站在院正中向西北看

# 3. 芝罘路 39 号

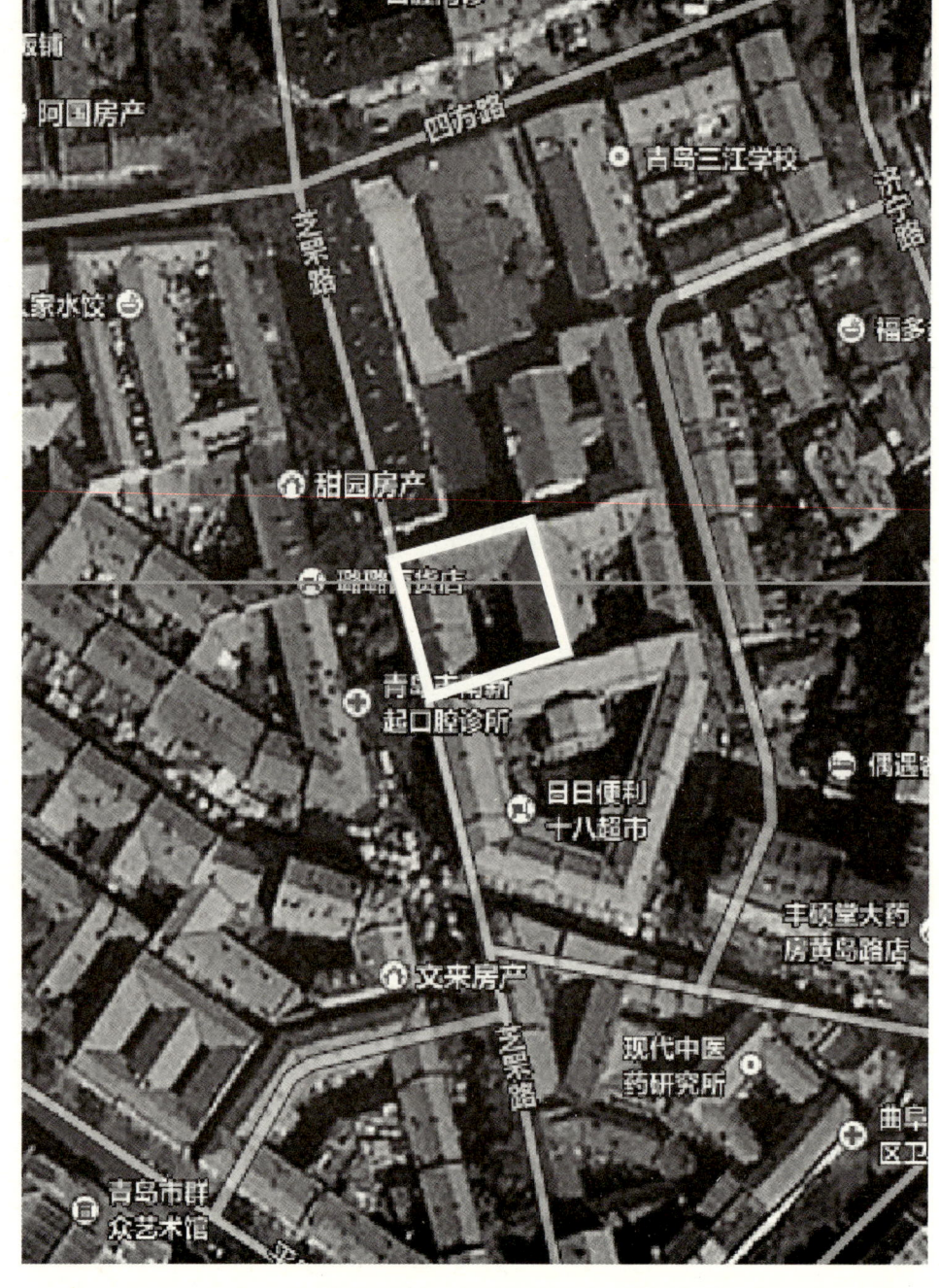

芝罘路 39 号院位于芝罘路东侧，占地面积约 664 平方米，是一个矩形的院落。内部三层外廊木构，里院主体采用砖混结构。

站在西侧二层外廊向东看

站在芝罘路 39 号院北侧二层外廊向南看　　　　　站在东侧三层外廊向西看

站在院内南侧向西看

站在东南角楼梯间向南看

# 4. 芝罘路 42 号及 50 号

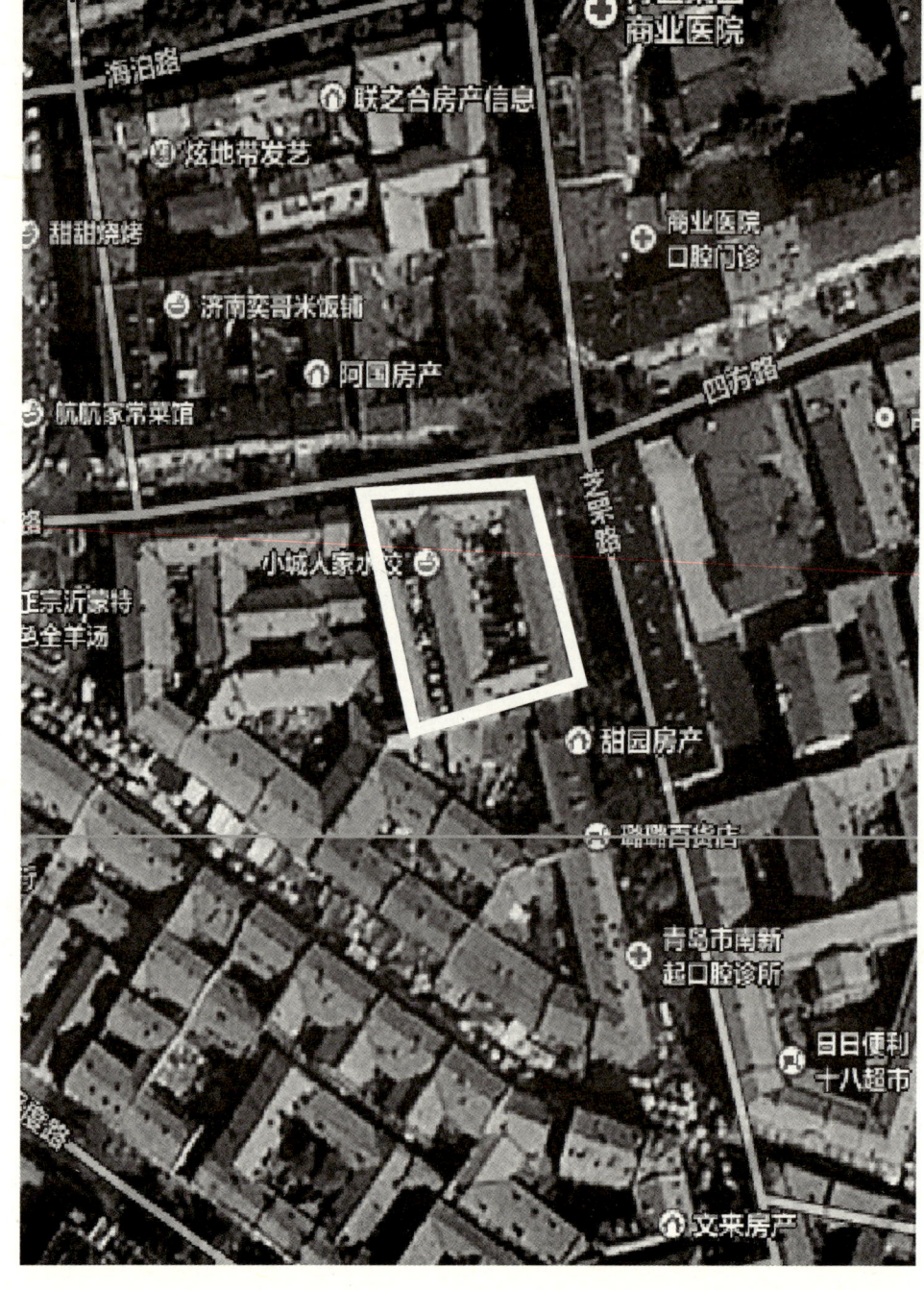

芝罘路 42 号及 50 号院位于四方路南侧，占地面积约 520 平方米，是一个矩形的院落。里院主体采用砖混结构。

站在北侧三层外廊向南看

站在北侧向南看院内立面

位于院内一侧的卫生间

站在南侧楼梯上向下看

站在院内北侧四层外廊向南向下看

站在院内正中向北看入口处

站在院内东侧二层外廊看南侧楼梯

站在院内外廊向下看

站在院内看北侧内立面

院内立面局部

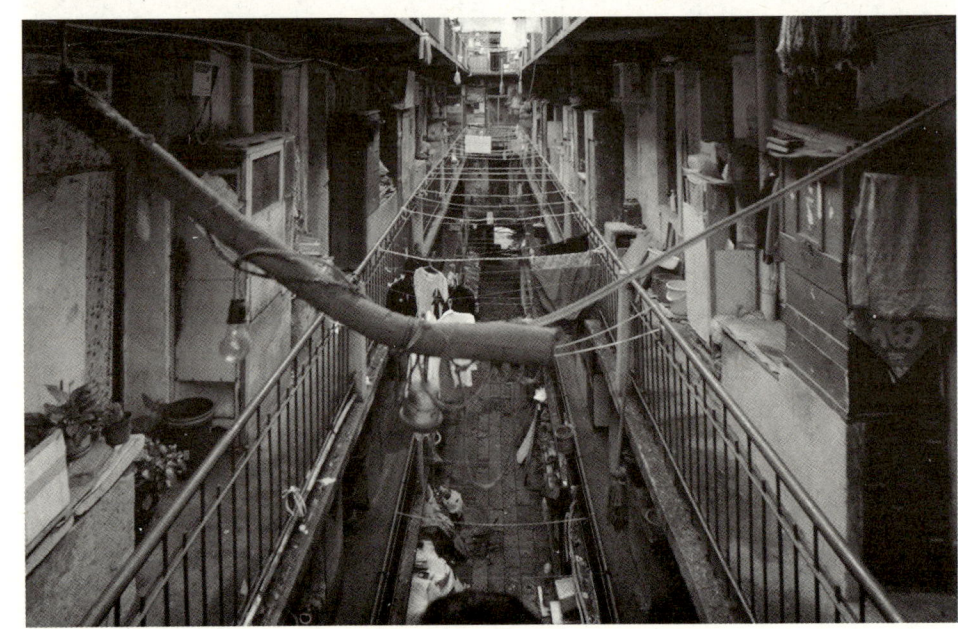

南侧三层外廊三至四层楼梯平台向北看

站在外廊上看院内立面

站在东侧三层外廊北端向西南看

# 5. 芝罘路 60 号

芝罘路 60 号院位于芝罘路西侧，占地面积约 900 平方米，是一个正方形的院落。内部二层外廊为木构，里院主体采用砖混结构。

站在西侧二层外廊向东看

站在东侧二层外廊向西看

站在入口处看西南侧楼梯

# 6. 芝罘路 70 号

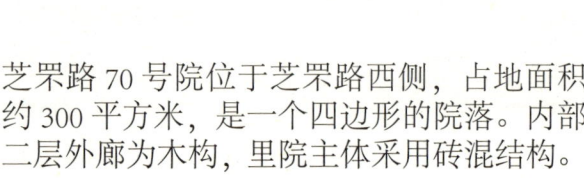

芝罘路 70 号院位于芝罘路西侧，占地面积约 300 平方米，是一个四边形的院落。内部二层外廊为木构，里院主体采用砖混结构。

站在西侧二层外廊向东看

站在北侧楼梯上向南看

站在院内东侧向南看

23

# 7. 芝罘路 71 号

芝罘路 71 号院位于芝罘路东侧，占地面积约 528 平方米，是一个矩形的院落。内部二层外廊为木构，里院主体采用砖混结构。

站在院内南侧向北看

站在芝罘路西侧向东看芝罘路 71 号院

站在北侧二层外廊向西南看

# 8. 芝罘路 73 号

芝罘路 73 号院位于芝罘路东侧，占地面积约 420 平方米，是一个矩形的院落。内部二层外廊为木构，里院主体采用砖混结构。

站在东侧二层外廊向西南看

站在南侧二层外廊向北看

站在院内北侧向南看

站在北侧二层外廊向南看

# 9. 芝罘路 74 号

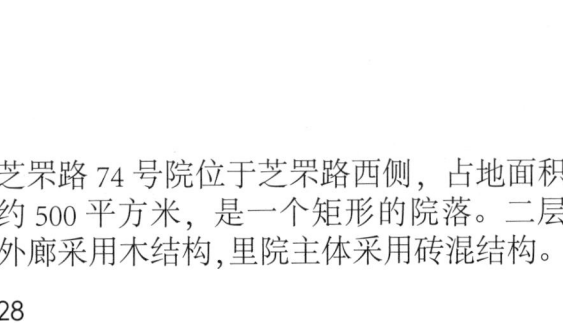

芝罘路 74 号院位于芝罘路西侧，占地面积约 500 平方米，是一个矩形的院落。二层外廊采用木结构，里院主体采用砖混结构。

站在芝罘路上向西看芝罘路 74 号院的东立面

# 10. 芝罘路 77 号

芝罘路 77 号院位于芝罘东侧，占地面积约
380 平方米，是一个矩形的院落。内部二层
外廊为木构，里院主体采用砖混结构。

站在院内东侧向西看

站在院内正中向南看

站在位于西北的入口处向东看院北侧楼梯

# 11. 芝罘路 78 号

芝罘路 78 号院位于芝罘路西侧，占地面积约 396 平方米，是一个矩形的院落。内部二层外廊为木构，里院主体采用砖混结构。

站在南侧二层外廊向北看

站在院内北侧向南看

站在芝罘路 78 号院内东侧向西看

# 12. 芝罘路 84 号

芝罘路 84 号院位于芝罘路西侧，占地面积约 720 平方米，是一个矩形的院落。内部二层外廊为木构，里院主体采用砖混结构。

站在东侧二层外廊向西看

站在院内向东看入口处　　　　　站在院内仰视南侧二层外廊　　　站在院内东北角向南看

站在北侧廊下西段向南看　　　　　　　　站在南侧二层外廊上向北看

站在西侧楼梯口向西看 　　　　　　　　　　　　　　　　站在东侧二层外廊向北看

# 13. 易州路 8 号

易州路8号院位于易州路西侧，占地面积约700平方米，是一个五边形的院落，分东西两院，由北侧入。里院主体采用砖混结构。

站在东院南侧五层外廊向北向下看

站在东院东侧五层外廊向西看

站在东院四层外廊西南角向东看

站在东侧二层外廊向西看西院

站在西院北侧二层外廊向南看

# 14. 易州路 25 号

易州路 25 号院位于易州路东侧，占地面积约 900 平方米，是一个四边形的院落。里院主体采用砖混结构。

站在南侧屋顶向北看

站在院内向西南看

站在院内西侧四层外廊向东看

站在院内二层走廊向南看

站在院内南侧五层阁楼露台向北看

45

# 15. 易州路 28 号

易州路 28 号院位于易州路西侧, 占地面积约 780 平方米, 是一个矩形的院落。里院主体采用砖混结构。

站在北侧二层外廊向南看

站在院内北侧向南看

站在院内看向东南角楼梯

# 16. 易州路 29 号

易州路 29 号院位于易州路东侧，占地面积约 400 平方米，是一个四边形的院落。里院主体采用砖混结构。

站在院内南侧向北看

站在院内南侧二层外廊向北看

站在院内南侧向西看

# 17. 易州路 36 号

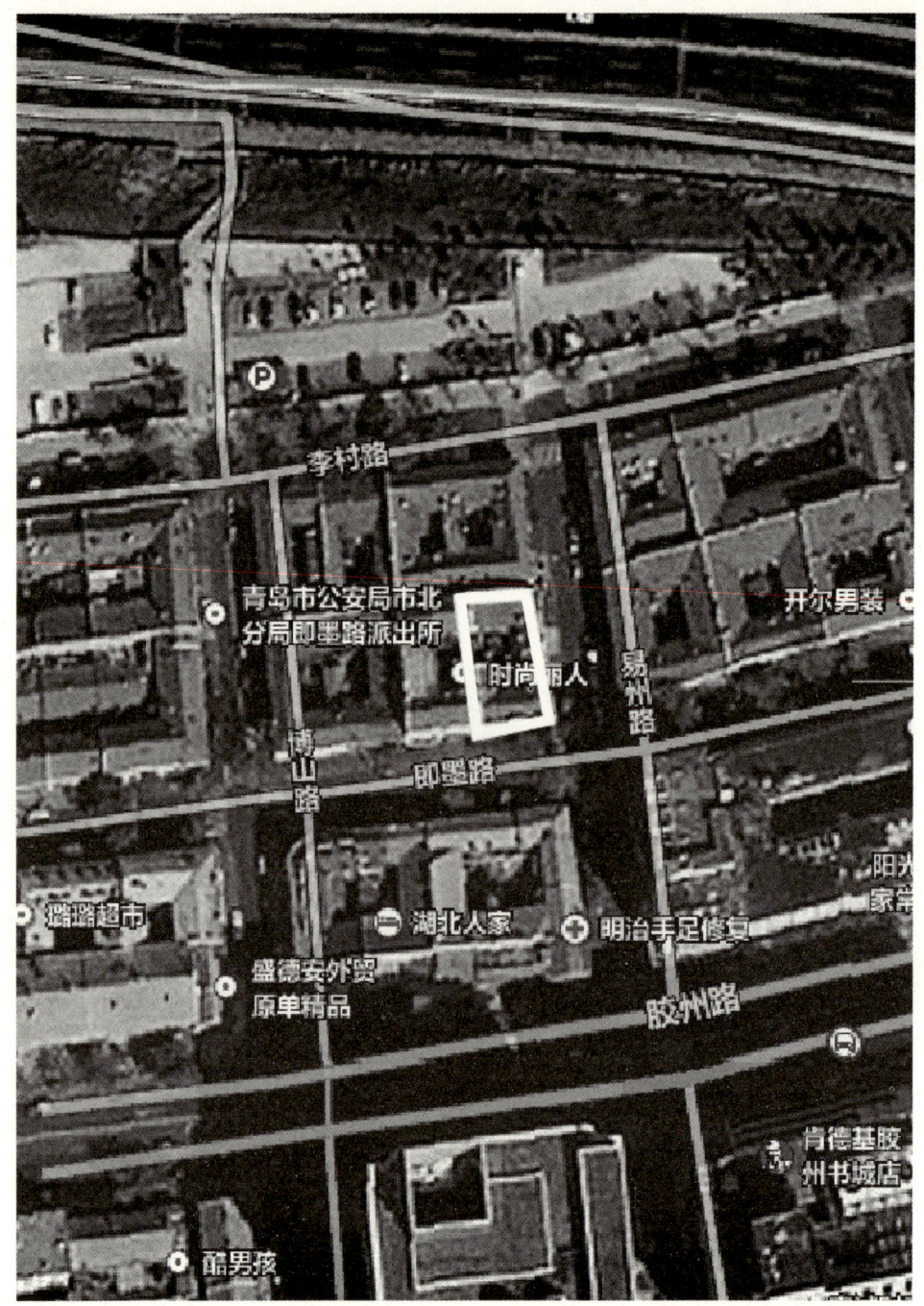

易州路 36 号院位于易州路西侧，占地面积约 252 平方米，是一个矩形的院落。入口朝东，外黄色涂料，二层；里院主体采用砖混结构。

站在西北角的二层平台上向东看

站在西北角的二层平台上向南看

站在院内正中向西看

# 18. 易州路 42 号

易州路 42 号院位于易州路西侧，占地面积约 480 平方米，是一个四边形的院落。入口朝东，二层，黄色涂料；里院主体采用砖混结构。

站在南侧二层外廊向北看

站在东侧二层外廊向西看

站在院内向南看

# 19. 易州路 59 号

易州路 59 号院位于易州路东侧，占地面积约 400 平方米，是一个四边形的院落。里院主体采用砖混结构。

站在院内西侧向东看

站院内正中向北看

站在院内正中向东南看楼梯

# 20. 博山路 3 号

博山路 3 号院位于博山路东侧，占地面积约 736 平方米，是一个矩形的院落。内部二层外廊为木构，里院主体采用砖混结构。

站在博山路西侧向东看博山路 3 号院的沿街西立面

站在院内东侧向西看二层外廊

站在院内南侧向东看

# 21. 博山路9号

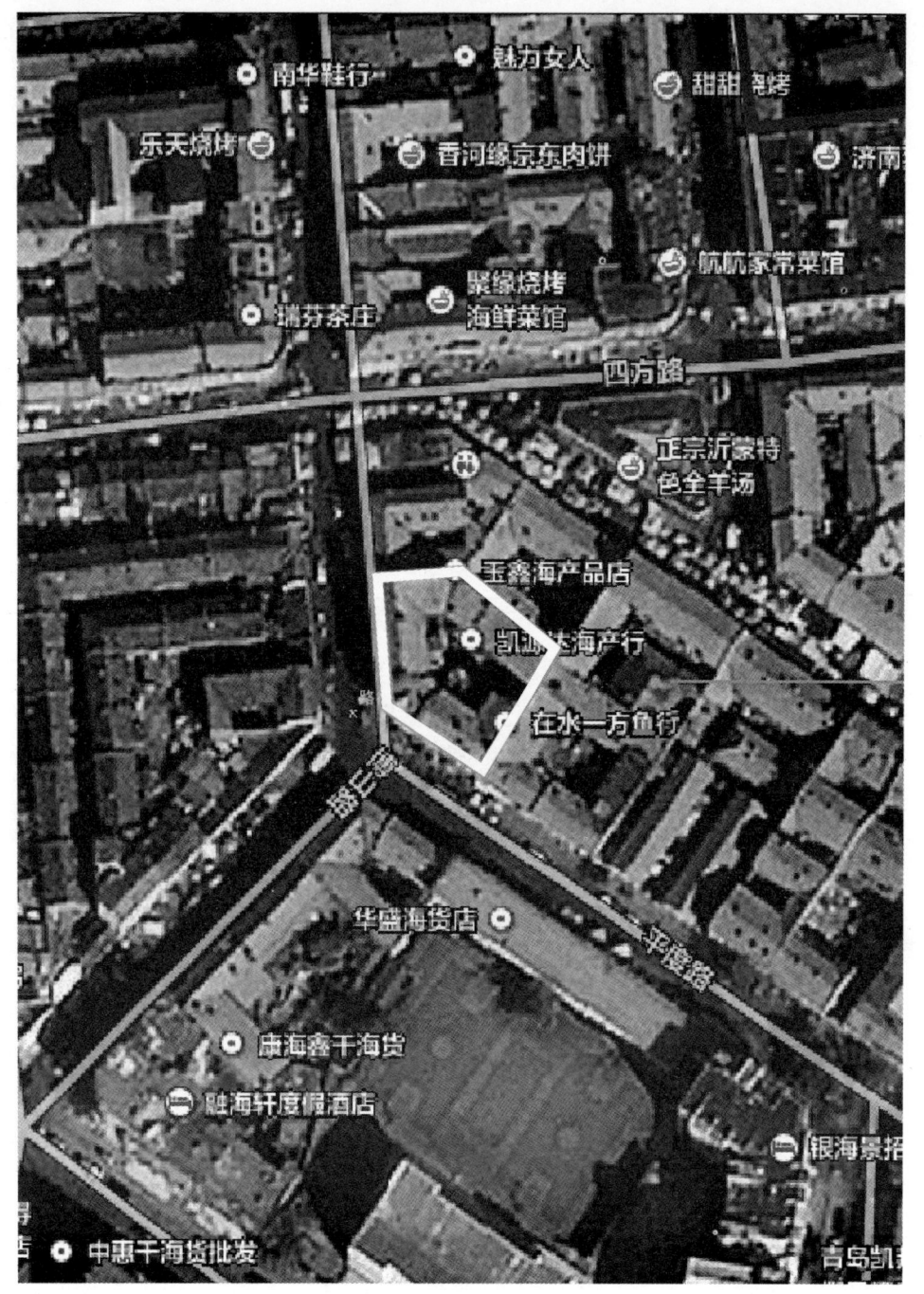

博山路9号院位于博山路东侧，占地面积约
700平方米，是一个五边形的院落。里院主
体采用砖混结构。

站在北侧三层外廊向东南看

站在三层外廊东北角向西南方向看

站在东南侧三层外廊上向西北方向看

站在西侧三层外廊向东北方向看

站在东侧二层外廊上向西南方向看

# 22. 博山路 15 号

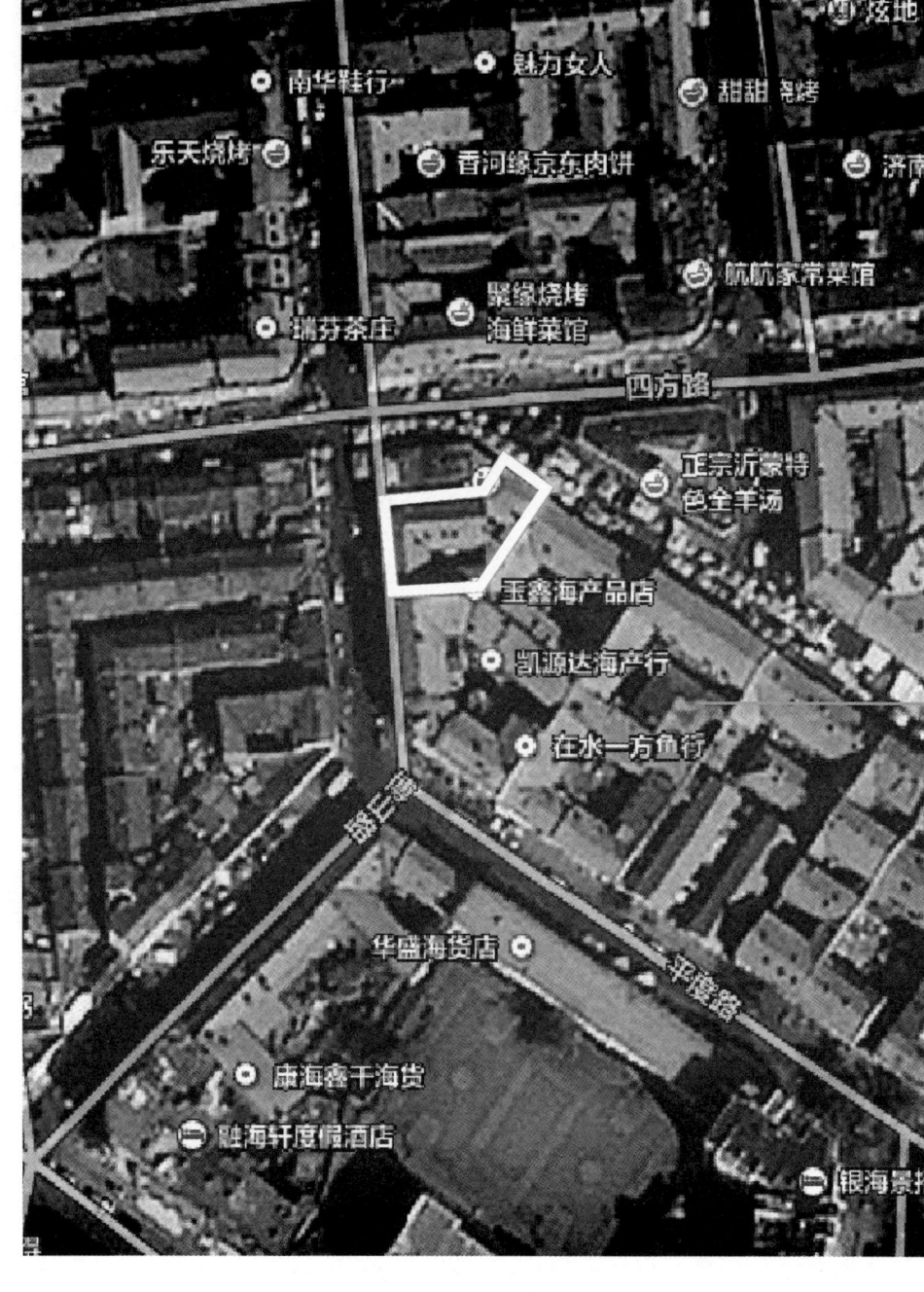

博山路 15 号院位于博山路东侧，占地面积约 218 平方米，是一个六边形的院落。里院主体采用砖混结构。

站在院内西侧向东看

站在北侧二层外廊向南看

站在西侧二层外廊向东看

63

# 23. 博山路 19 号

博山路 19 号院位于博山路东侧，占地面积约 196 平方米，是一个矩形的院落。里院主体采用砖混结构。

站在院内西侧向东看

站在院内东南向西北看

站在院内北侧向南看

站在院内东侧向西看

站在院内东侧三层外廊向南看

站在博山路向东看博山路 19 号院入口

站在西侧三层外廊上向东看

# 24. 博山路 21 号

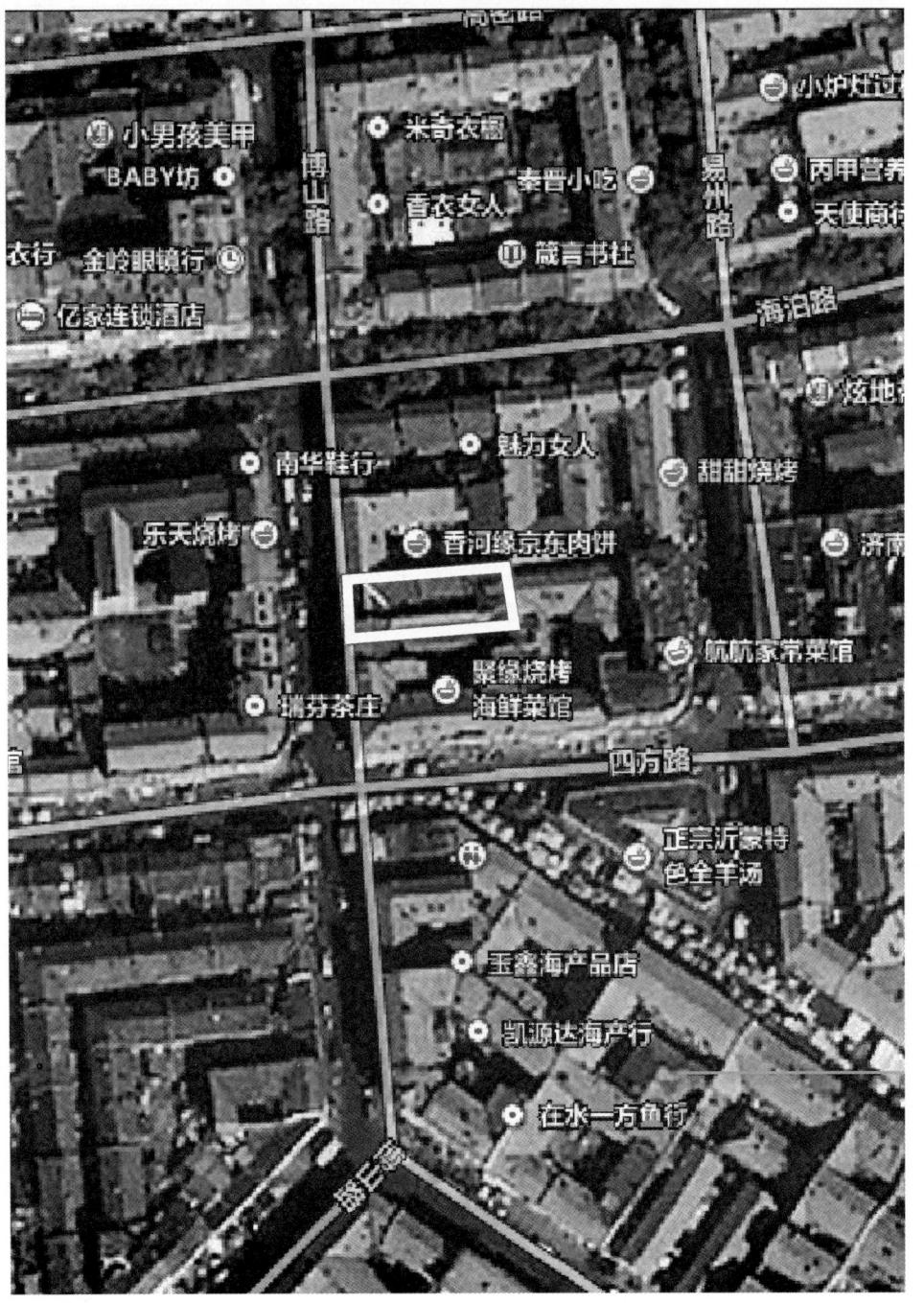

博山路 21 号院位于博山路东侧，占地面积约 210 平方米，是一个矩形的院落。里院主体采用砖混结构。

站在院西侧楼梯上向东看

站在西侧楼梯上向东看

站在西侧楼梯上向西看

站在北侧三层外廊上向西南方向看

69

# 25. 博山路 32 号

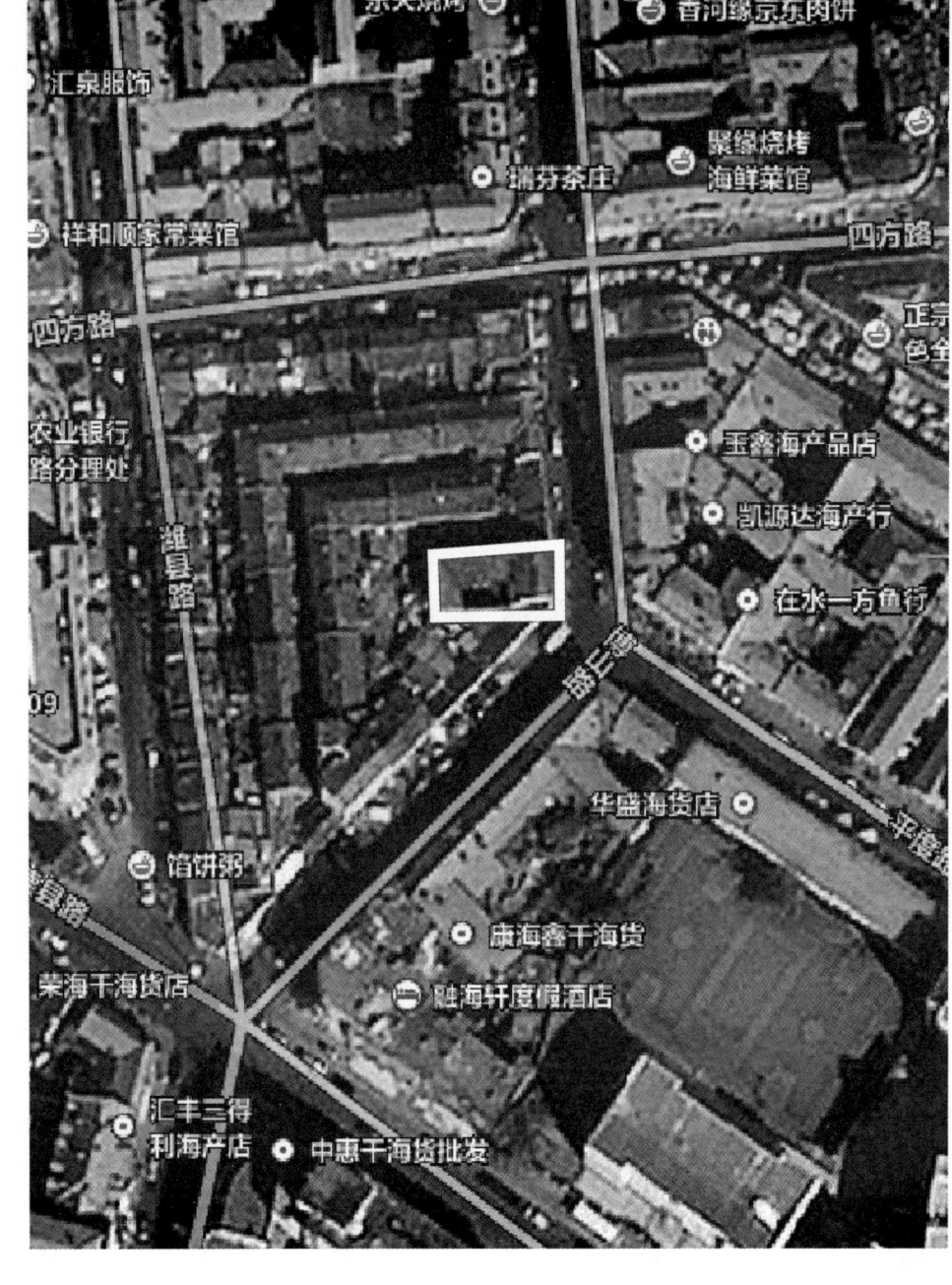

博山路 32 号院位于博山路西侧，占地面积约 210 平方米，是一个矩形的院落。里院主体采用砖混结构。

站在北侧二层外廊向南看

站在南侧楼梯上向北看

站在西侧二层外廊向东看

位于院内西北角的卫生间

站在院内西侧向东看

站在院内北侧向南看

# 26. 博山路 33 号

博山路 33 号院位于博山路东侧，占地面积约 357 平方米，是一个矩形的院落。里院主体采用砖混结构。

站在东侧二层外廊向西看  站在北侧二层外廊向南看

# 27. 博山路 53 号

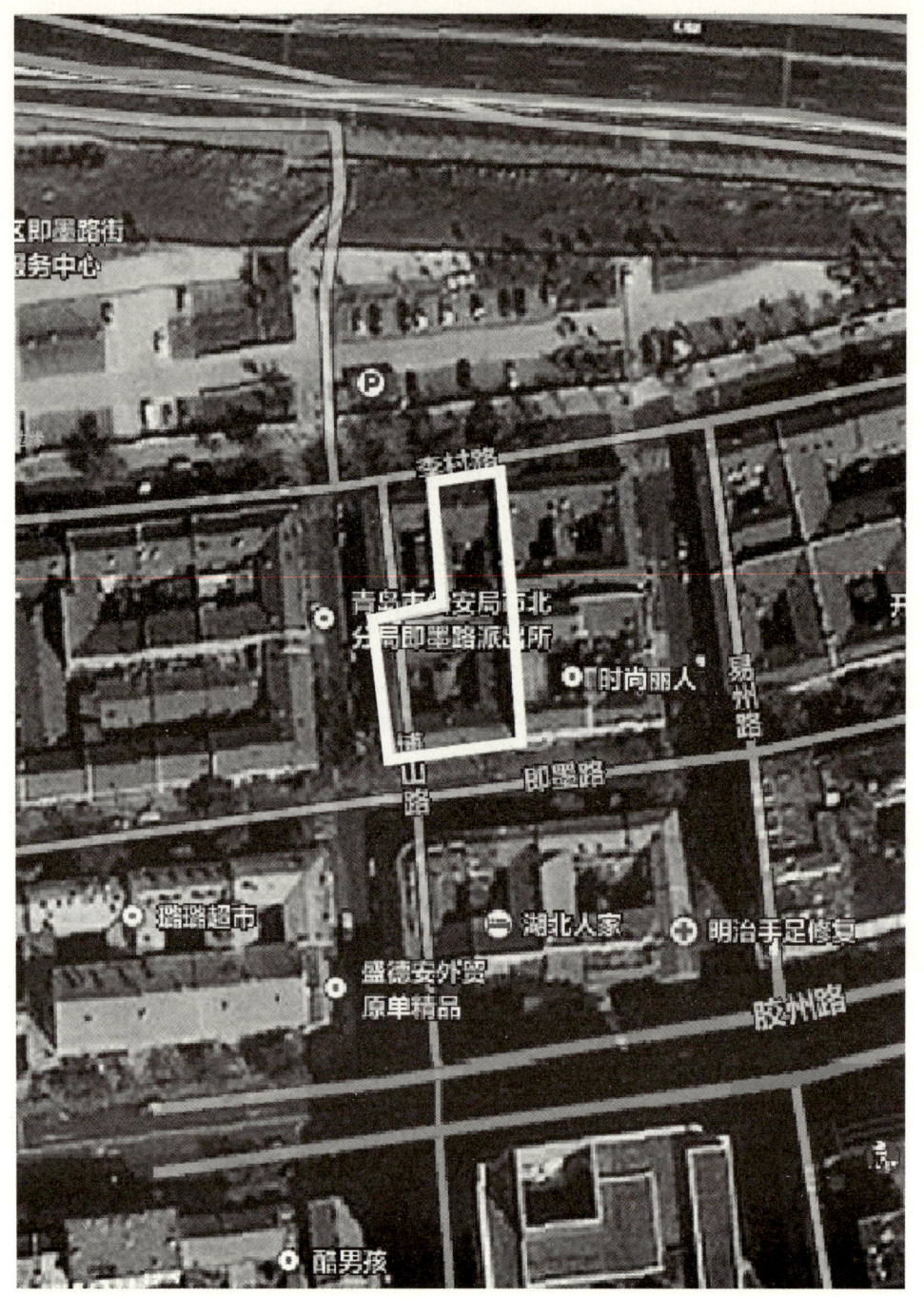

博山路 53 号位于博山路东侧，占地面积约
500 平方米，是一个矩形嵌套的六边形院落，
内部二层外廊为木构，里院主体采用砖混
结构。

站在西侧二层外廊向东看

站在院内南侧向北看

站在入口处看向东北靠北侧的楼梯

# 28. 中山路 87 号

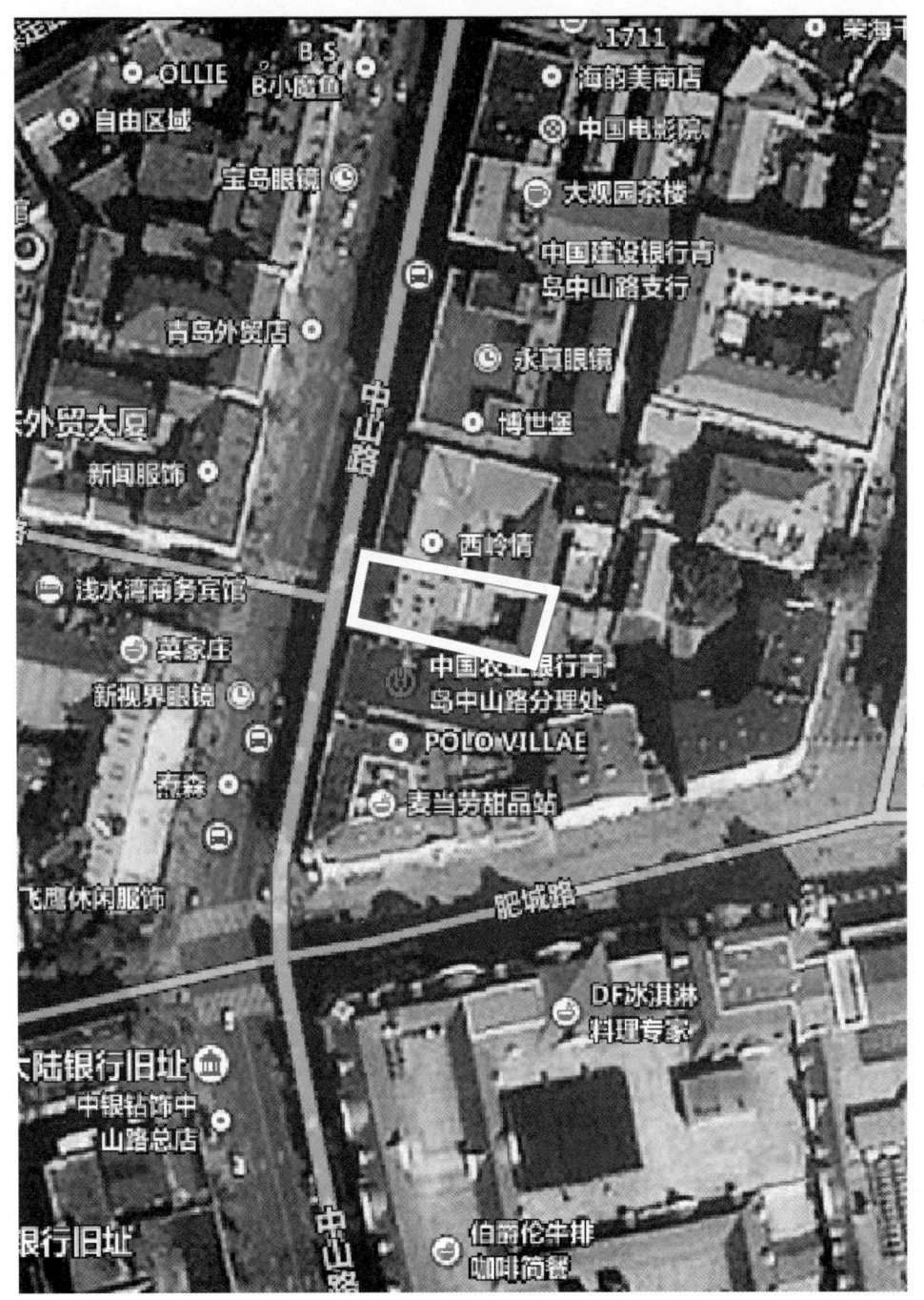

中山路 87 号院位于中山路东侧，占地面积约 400 平方米，是一个矩形的院落。西院砖混 3 层，东院木构 2 层。内部二层外廊木构，里院主体采用砖混结构。

站在东院院南侧向北看

站在东院入口处向东看

站在西院院内西侧向东看

站在阁楼上看向西北角的楼梯间

院子西北角楼梯平台上

站在西院东北角向南看

站在院内北侧向南看

# 29. 中山路 91 号

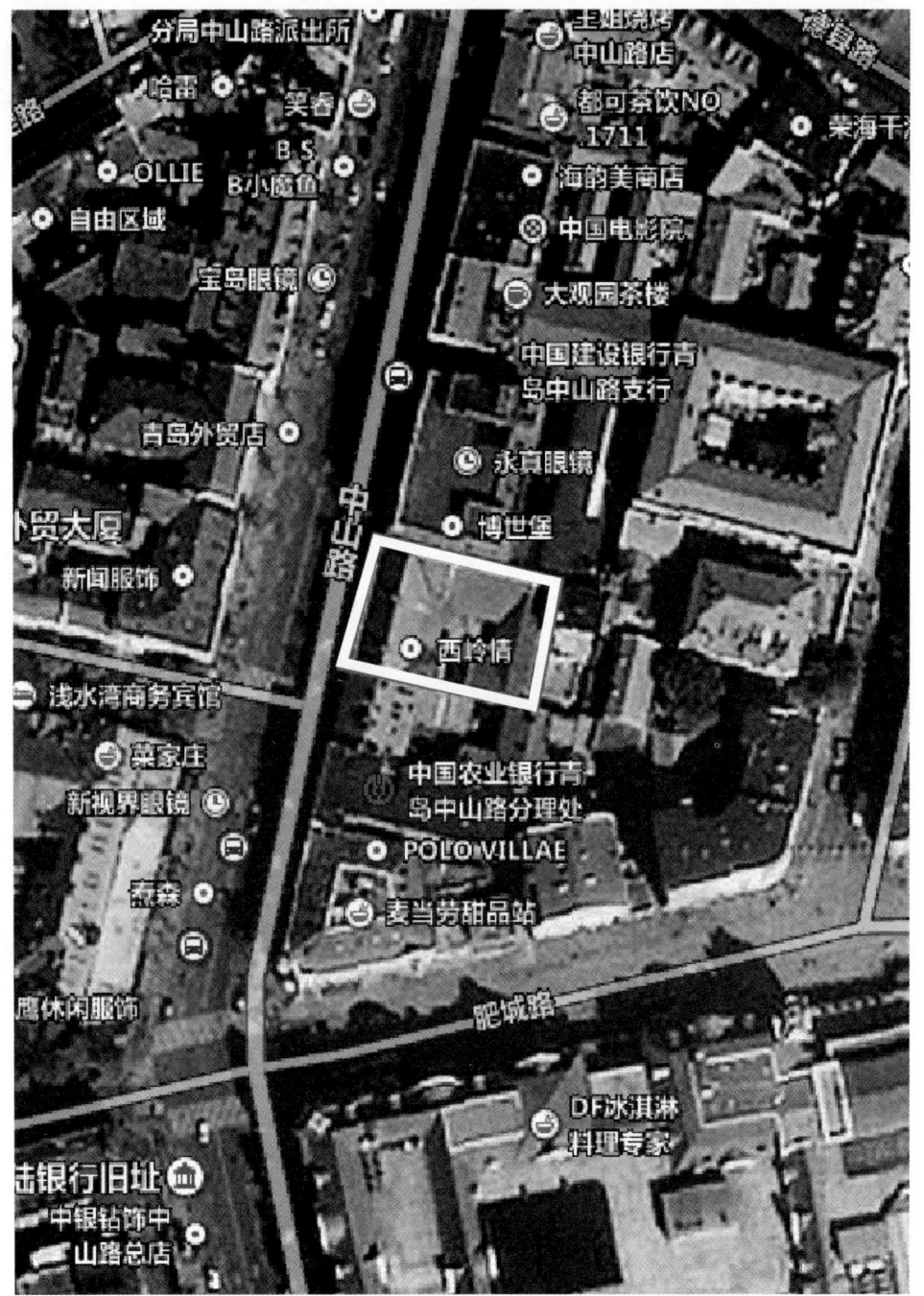

中山路 91 号院位于中山路东侧，占地面积约 650 平方米，是一个矩形的院落。内部二层外廊木构，里院主体采用砖混结构。

站在院内二层露台南侧向北看

# 30. 中山路 101 号

中山路 101 号位于中山路东侧，占地面积约
650 平方米，是一个矩形的院落。里院主体
采用砖混结构。面朝西的门店进入，沿街
四层，带五层阁楼，中部两层，西院门楼
三层；西院为砖混木楼梯，东院为砖混。

站在院内院北侧二层楼梯上向南看

站在西院入口上方楼梯间二层由西向东看

站在西院内院北侧二层楼外廊由东向西看

院内南侧二层楼梯上由南向北看第一进院内院

东院由西向东进入，又分南北两院

站在东院进门洞由北向西看

# 31. 中山路 120 号

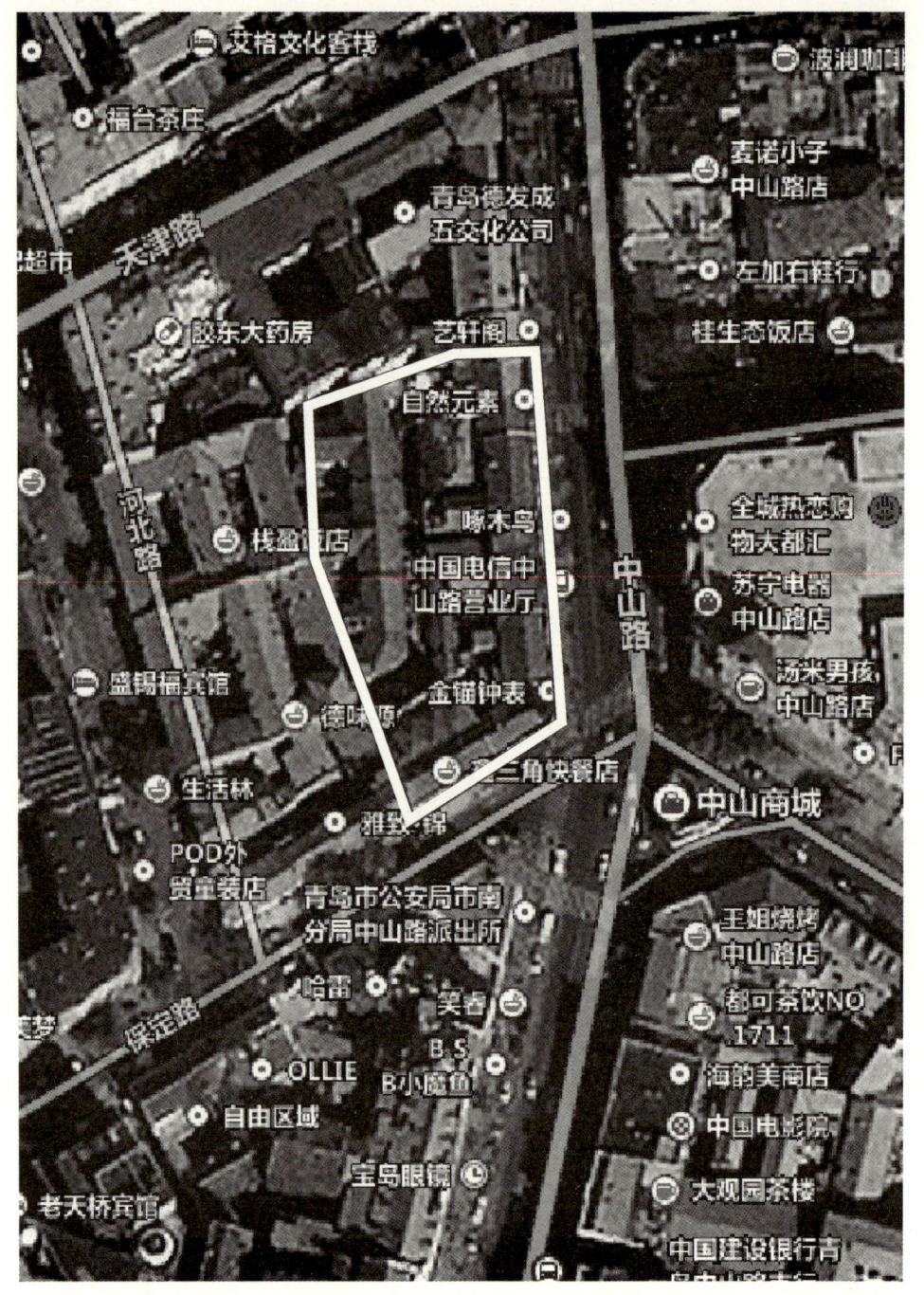

中山路 120 号院位于中山路西侧，占地面积约 2100 平方米，是一个六边形的两进院落。内部二层外廊为木构，里院主体采用砖混结构。

站在院内东南侧楼梯上向西北看

站在院内向东看

站在三层外廊看向东北角

# 32. 中山路 136 号

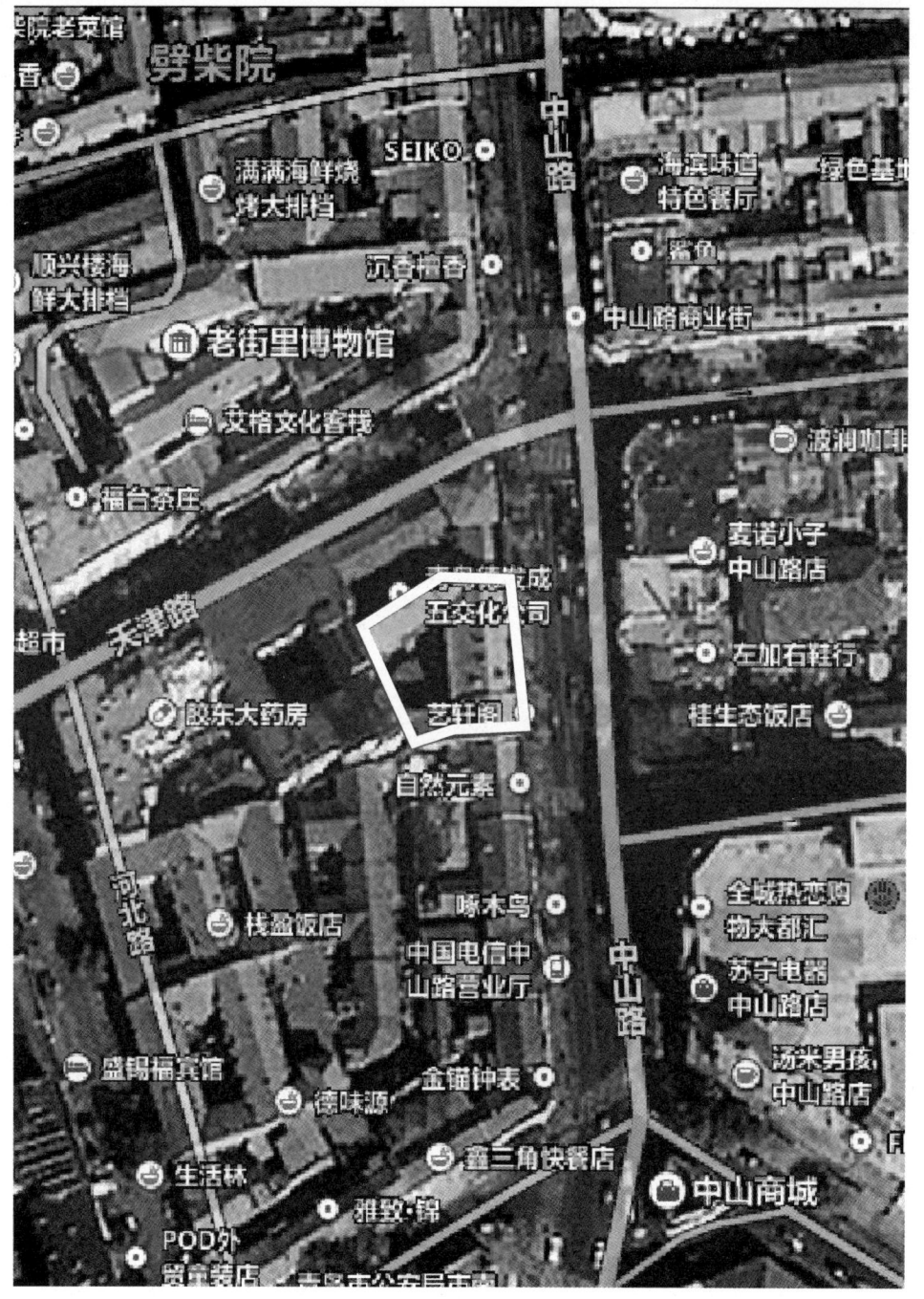

中山路 136 号院位于中山路西侧，占地面积约 540 平方米，是一个五边形院落。内部三层外廊为木构，里院主体采用砖混结构。

站在院内东北角的三层外廊向西南看

站在中山路东侧向西看入口

站在南侧三层外廊向西北看

# 33. 中山路 161 号甲

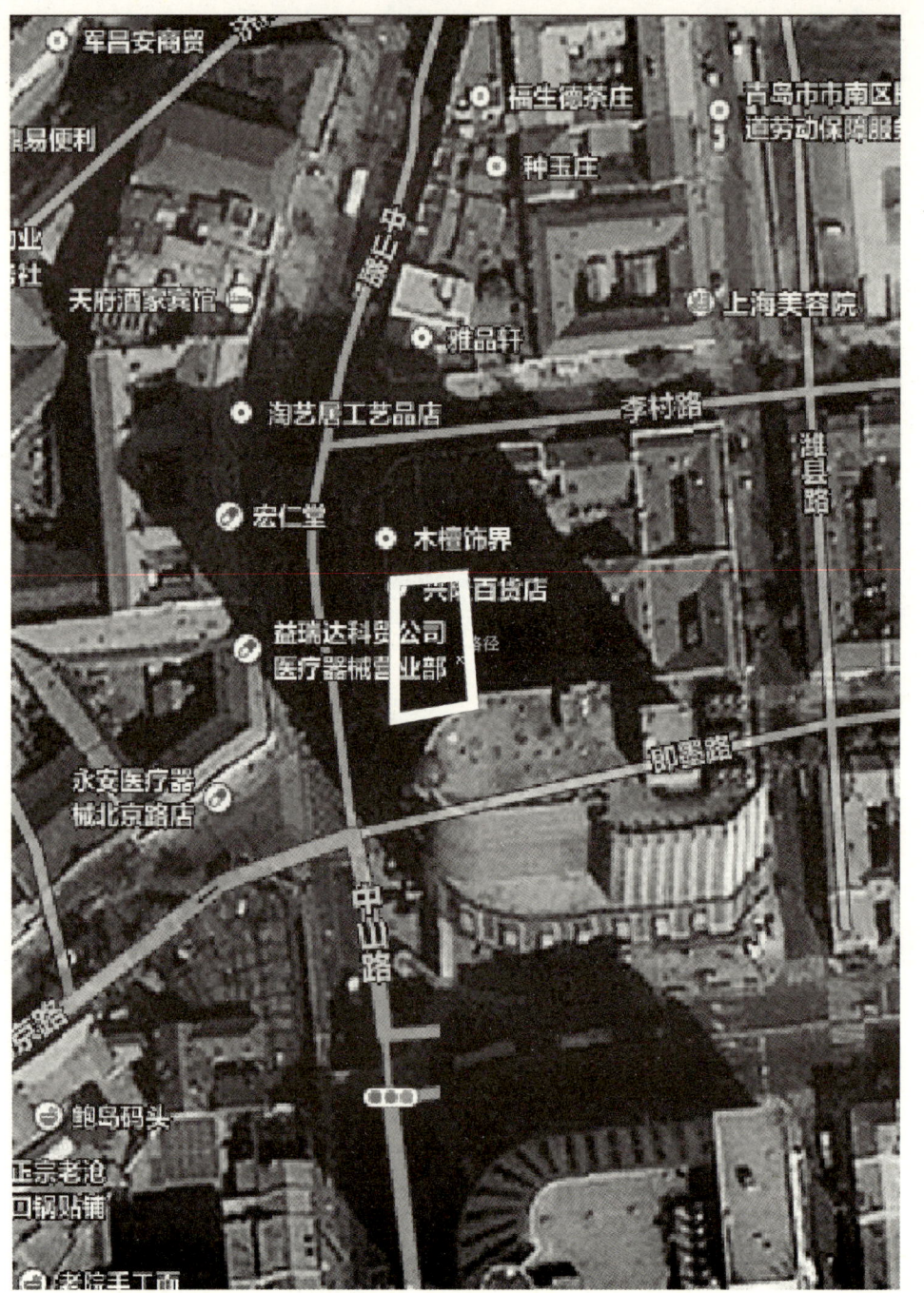

中山路 161 号院甲位于中山路东侧，占地面积约 300 平方米，是一个矩形的院落。里院二层外廊采用木结构，主体采用砖混结构。

站在南侧二层外廊上向北看

站在西侧入口处向院内东侧看

站在院内靠西侧的去二层的楼梯向南看

# 34.中山路165号、
## 李村路40号

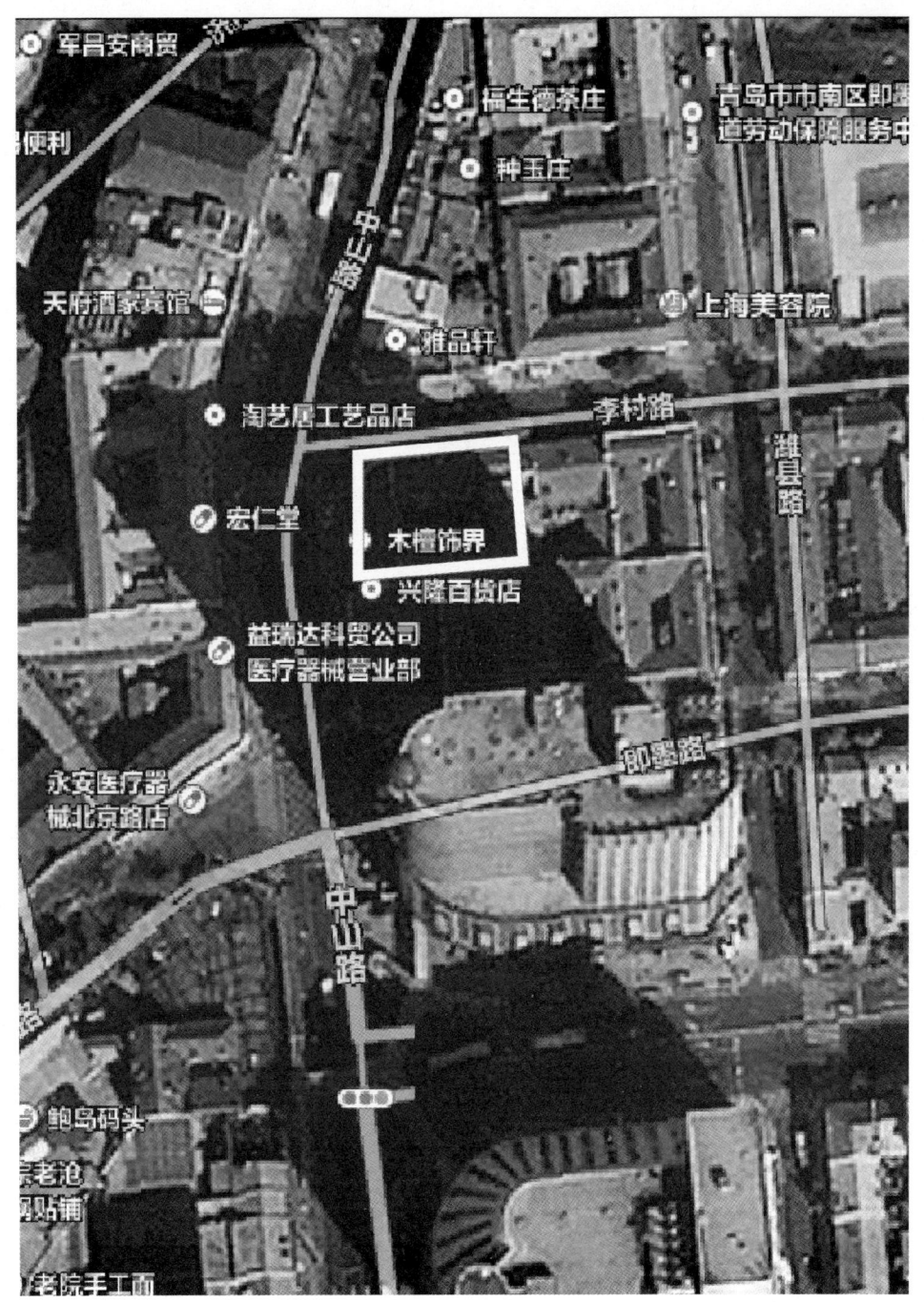

中山路165号及李村路40号位于中山路东侧，占地面积约630平方米，是一个矩形的院落。里院主体采用砖混结构。

站在李村路 40 号院内南侧二层外廊向北看

站在中山路 165 号院内西侧楼梯上向东看

站在李村路 40 号院内东侧楼梯上向西看

站在中山路 165 号院内北侧二层外廊向南看

# 35. 中山路 200 号

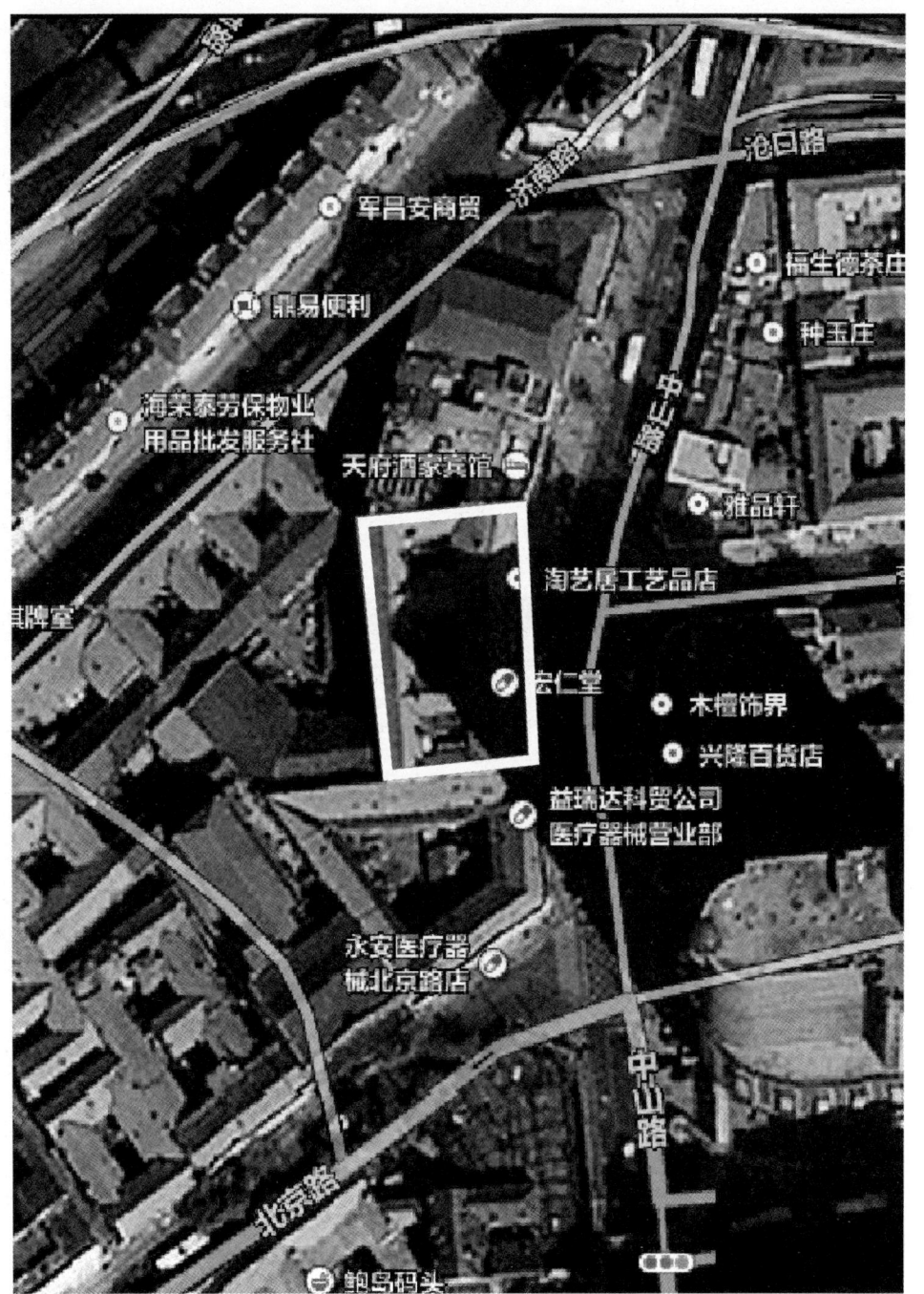

中山路 200 号位于中山路西侧，占地面积约 1102 平方米，是一个矩形的院落。里院主体采用砖混结构。

站在南院的东侧向西看

站在入口处院内向西看二到三层的楼梯休息平台

站在院内看向西北方

站在东侧三层外廊向西看

站在北院的北侧二层外廊向南侧二层看

站在西侧楼梯休息平台上向东看

# 36. 河北路 9 号

河北路 9 号位于保定路北侧，占地面积约621平方米，3层，是两个矩形院子。立面为灰色，红色瓦屋面，里院主体采用砖混结构。

站在院内东北侧向西南看

站在河北路 9 号西院院内东南侧由东南向西北看

站在院内看东北侧二层外廊局部

# 37. 河北路 10 号

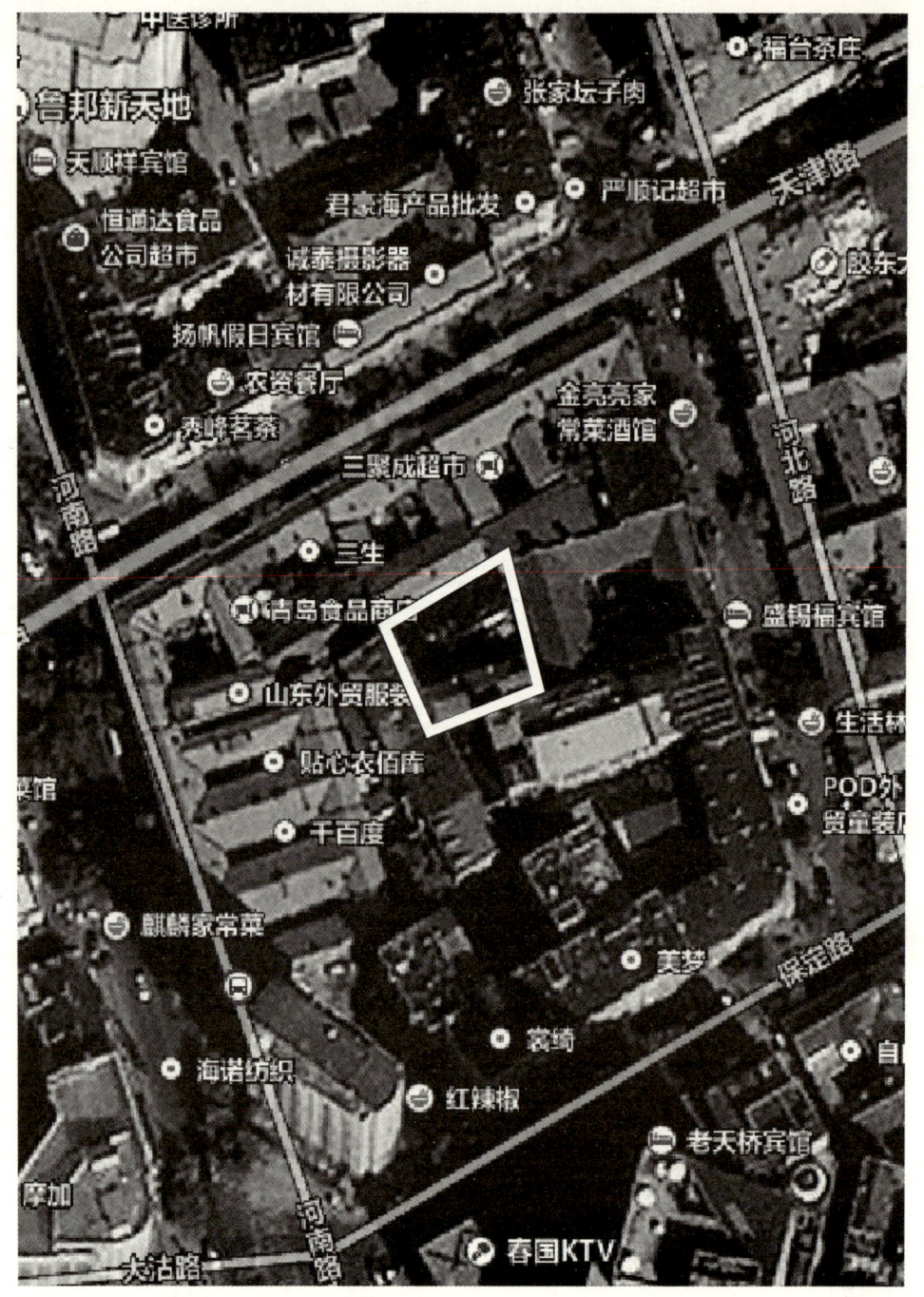

河北路 10 号位于河北路西侧，天津路南侧，占地面积 528 平方米，2 层，是一个矩形院子。立面为黄色，红色瓦屋面，里院主体采用砖混结构。

站在院内东侧向西看

站在河北路 10 号院内南侧由南向北看

站在河北路 10 号院入口外向北看

# 38. 河北路 12 号

河北路 12 号位于河北路西侧，天津路南侧，占地面积约 546 平方米，2 层，是一个矩形院子。立面为白色，红色瓦屋面，里院主体采用砖混结构。

站在东侧二层外廊上由东向西看

站在河北路 12 号北侧二层外廊上向南看

站在院内西侧二层外廊上向东看

# 39. 河北路 15 号

河北路 15 号位于河北路东侧，占地面积约
500 平方米，为一矩形院落，分东西两院，
主体为 2 层砖混结构。

站在西院南侧二层外廊向北看

站在东院北侧二层外廊向南看

站在西院东侧向西看入口处

# 40. 河北路 32 号

河北路 32 号位于河北路西侧，北京路南侧，占地面积约 280 平方米，2 层，是一个四边形院子。立面白色，红色瓦屋面，里院主体采用砖混结构。

站在院内南侧二层外廊上向北看

站在院内西侧二层外廊向东看

站在东入口内向外看河北路

# 41. 河北路 38 号

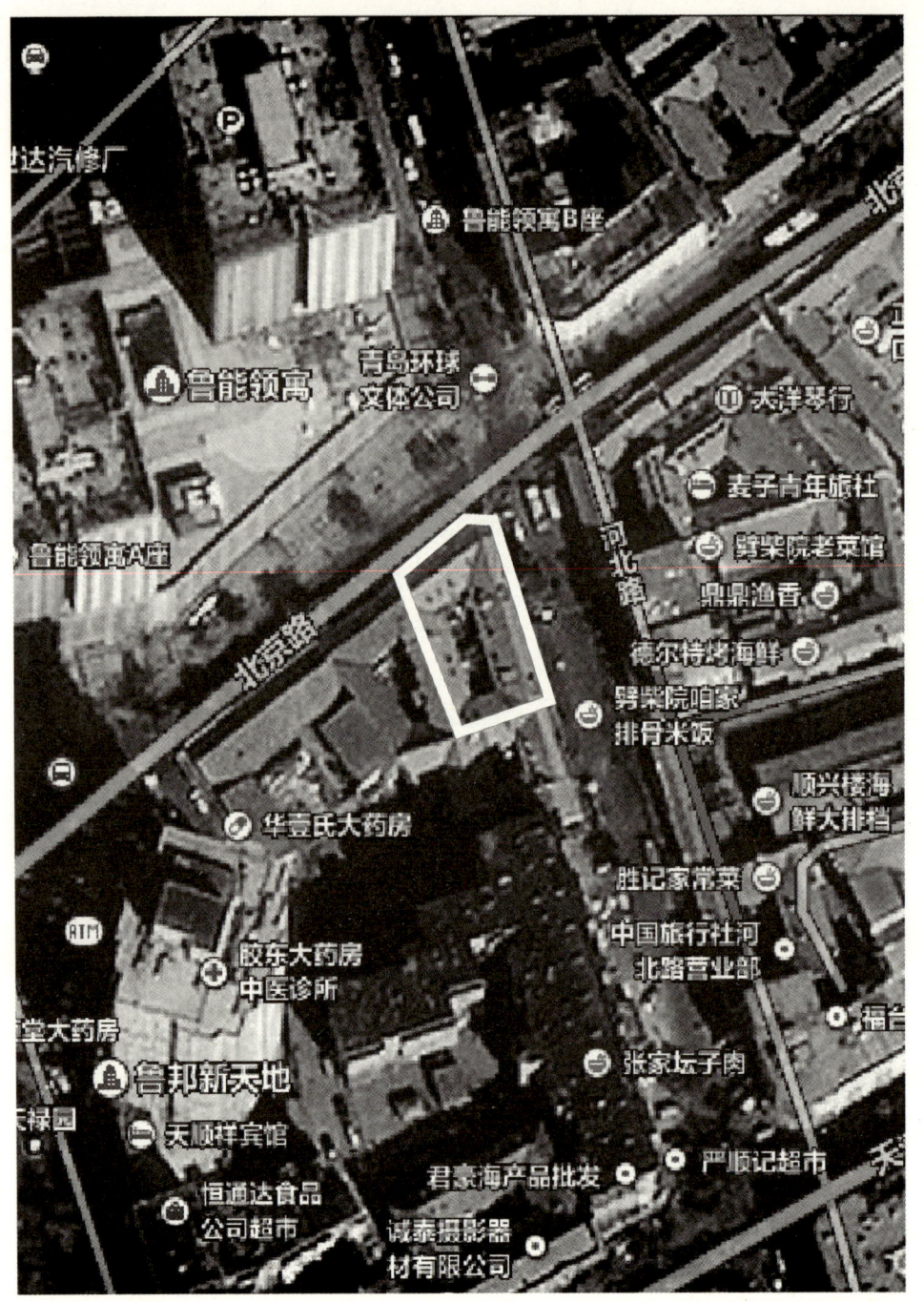

河北路 38 号位于河北路西侧，北京路南侧，占地面积约 464 平方米，2 层，是一个矩形院子。立面灰色，红色瓦屋面，里院主体采用砖混结构。

站在院内东侧中部楼梯上向北看

站在河北路 38 号院内东侧中部楼梯上由南向北看

站在院内北侧二层外廊上向南看

# 42. 河北路 55 号

河北路 55 号位于河北路东侧，济南路南侧，占地面积约 432 平方米，2 层，是一个矩形院子。立面为灰色，红色瓦屋面，里院主体采用砖混结构。

站在河北路 55 号院内东侧由东向西看

站在河北路上由西向东看河北路 55 号西外立面

进入河北路 55 号的街道

# 43. 河南路 21 号及 23 号

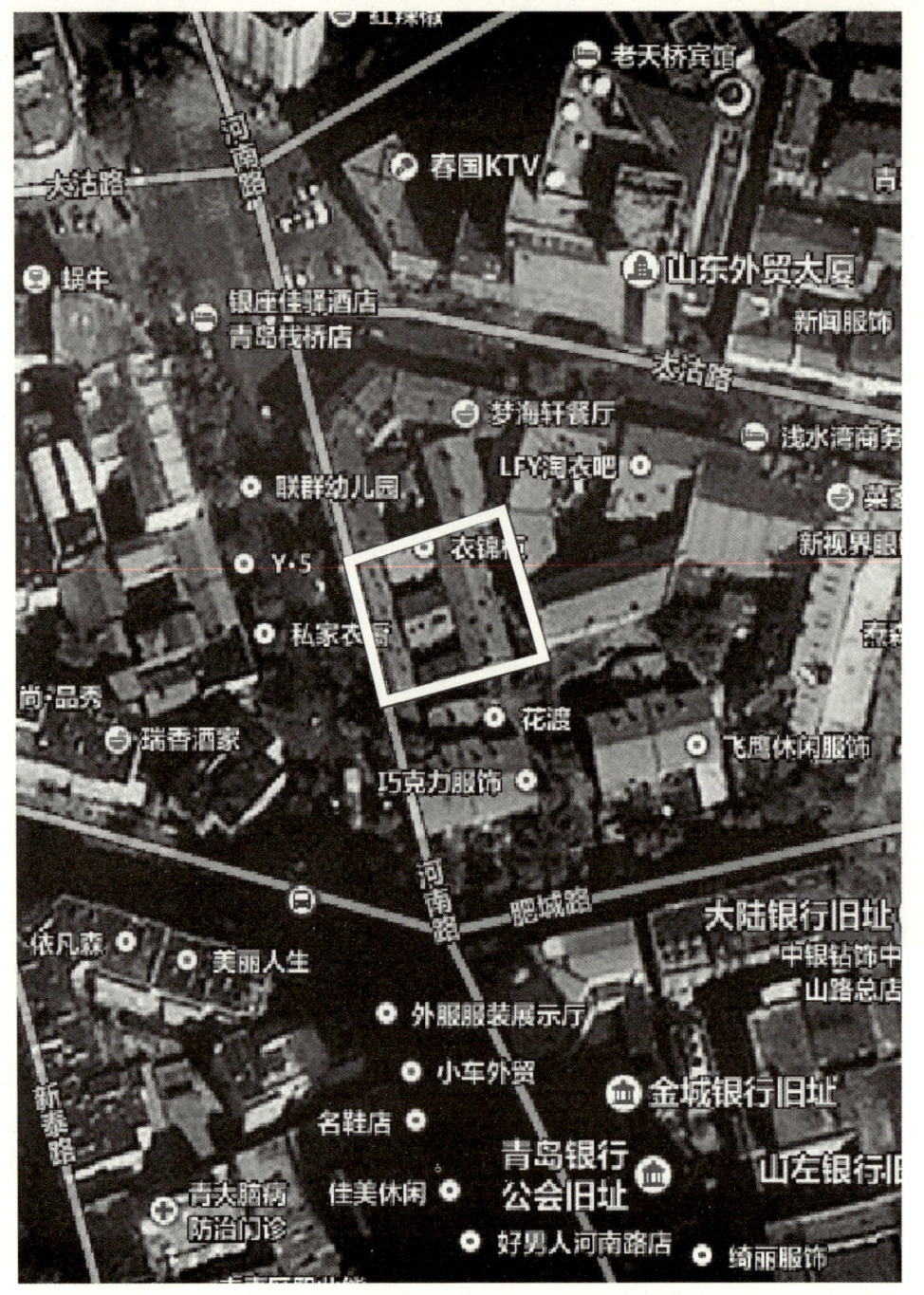

河南路 21 号及 23 号位于河南路东侧，占地面积约 506 平方米，2 层，是两个矩形院子。立面为灰色，红色瓦屋面，里院主体采用砖混结构。

站在南院东侧二层外廊由东向西看

站在南院北侧二层外廊由北向南看

站在南院南侧二层外廊由南向北看

# 44. 河南路 35 号及 37 号

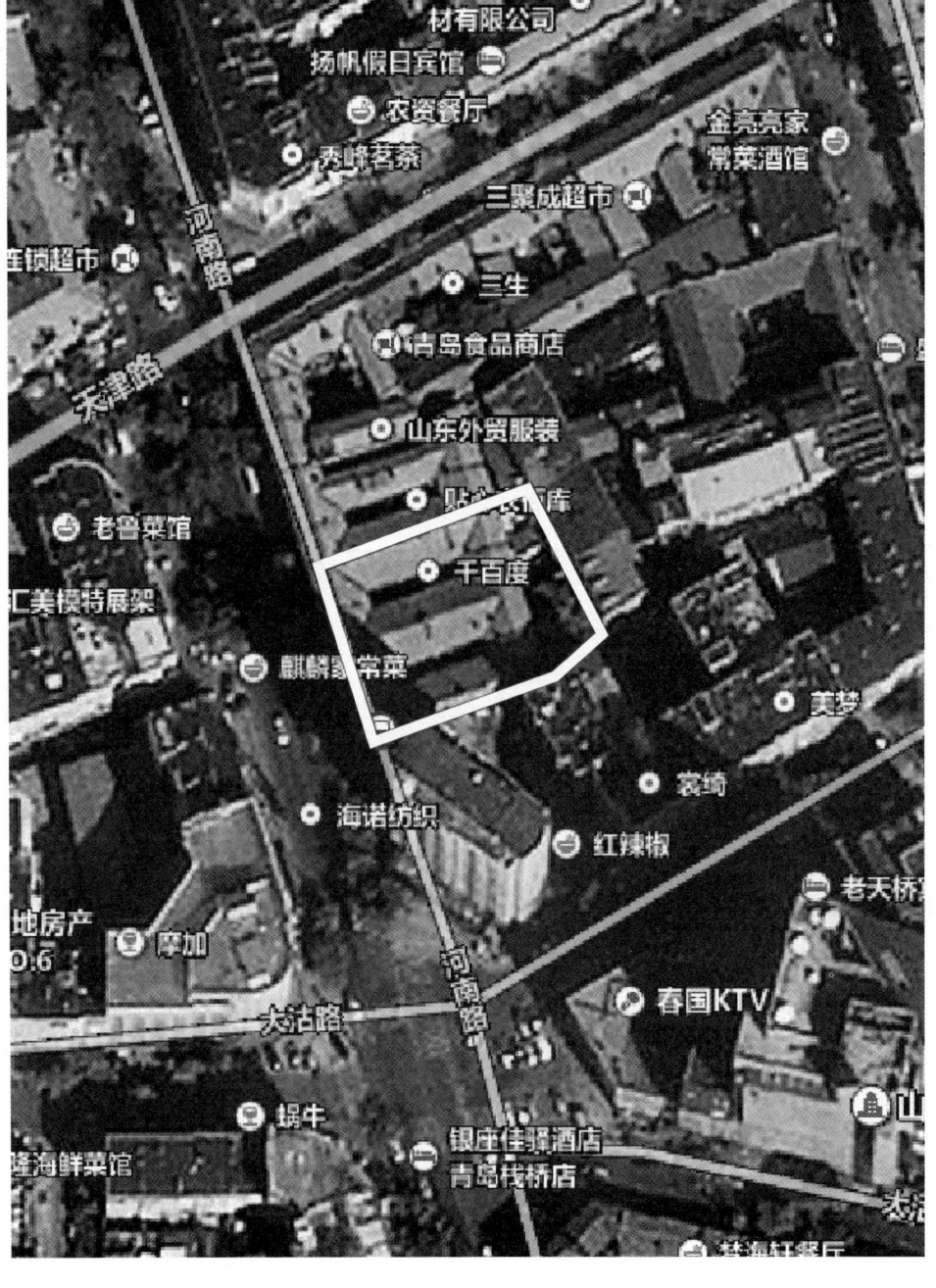

河南路 35 号及 37 号位于河南路东侧，占地面积约 1085 平方米，3 层。立面灰色，红色瓦屋面，里院主体采用砖混结构。

站在河南路 35 号及 37 号南院西侧由东向西看

站在河南路 35 号及 37 号北院入口处看南院入口及出口

河南路 35 号及 37 号北院东南角部楼梯

站在北院北侧三层外廊由西向东看

站在北院入口处由南向北看去往二层的楼梯

站在河南路 35 号及 37 号南院后部由西南向东北看

河南路 35 号及 37 号东外立面

站在河南路 35 号及 37 号北院后方由西向东看

# 45. 河南路 39 号

河南路 39 号位于河南路东侧，占地面积约544 平方米，3 层，是一个狭长的矩形院子。立面灰色，红色瓦屋面，里院主体采用砖混结构。

站在河南路 39 号院内入口处由西北向东南看去往二层的楼梯

站在河南路 39 号院内东北侧二层外廊由东北向西南看

# 46. 河南路 43 号

河南路43号位于河南路东侧，天津路南侧，占地面积约462平方米，3层，是一个矩形院子。立面灰色，红色瓦屋面，里院主体采用砖混结构。

站在河南路 43 号院内东南角由东南向西北看

站在河南路 43 号院内南侧由南向北看

站在河南路 43 号院内东南角二层外廊上由东南向西北看

站在河南路 43 号院内北侧三层外廊由东向西看

河南路 43 号院内南侧二、三层外廊

河南路 43 号院内东南角楼梯

# 47. 河南路 52 号

河南路 52 号位于河南路西侧，占地面积约380 平方米，3 层，是一个矩形院子。立面灰色，红色瓦屋面，里院主体采用砖混结构。

站在河南路 52 号院内北侧二层外廊上由北向南看

站在河南路 52 号院内南侧二层外廊上由南向北看

站在河南路 52 号院内西南角由西向东看

# 48. 河南路 86 号

河南路 86 号位于河南路西侧，占地面积约 930 平方米，4 层，是一个不规则院子。立面黄色，红色瓦屋面，里院主体采用砖混结构。

站在河南路 86 号院内东南侧三层外廊上由东南向西北看

站在河南路上由东北向西南看河南路 86 号东北外立面

站在河南路 86 号院内东北侧由东北向西南看

站在河南路 86 号西北侧由西北向东南看

# 49. 河南路 88 号

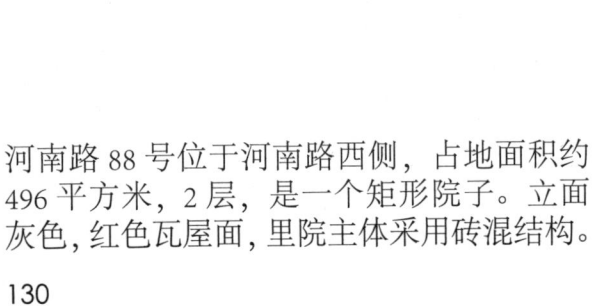

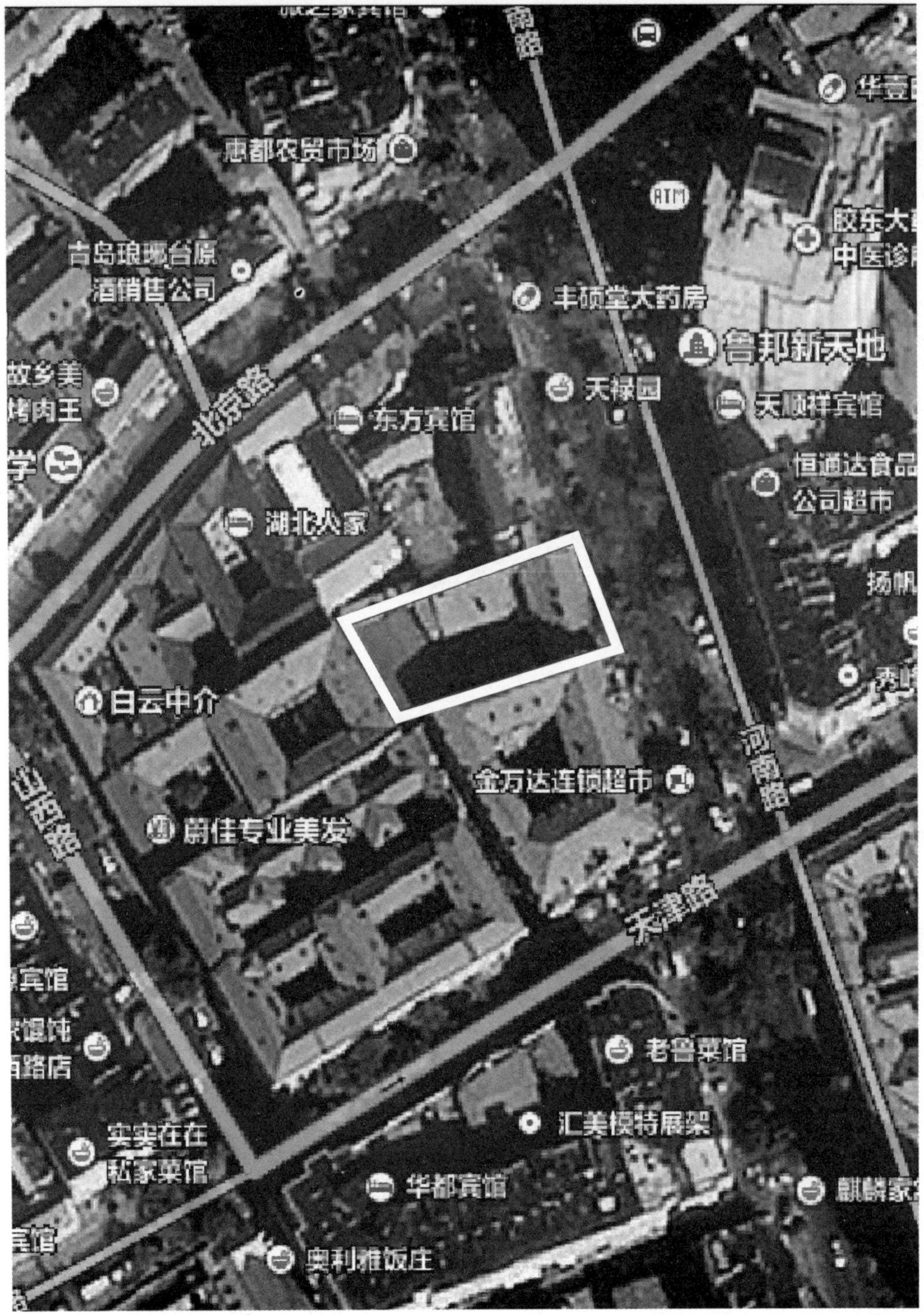

河南路 88 号位于河南路西侧，占地面积约
496 平方米，2 层，是一个矩形院子。立面
灰色，红色瓦屋面，里院主体采用砖混结构。

站在院内西南侧二层外廊上由西南向东北看

河南路 88 号狭窄走道

站在河南路 88 号院内西南侧由西南向东北看

# 50. 河南路 98 号甲

河南路 98 号甲位于河南路西侧，北京路南侧，占地面积约 240 平方米，3 层，是一个不规则院子。立面灰色，红色瓦屋面，里院主体采用砖混结构。

站在河南路 98 号院内东北侧由东北向西南看

站在河南路 98 号甲东南侧二层外廊上由东南向西北看

河南路 98 号甲院内北侧三层外廊

河南路 98 号甲院内西南侧一层楼梯

# 51. 山西路 5 号

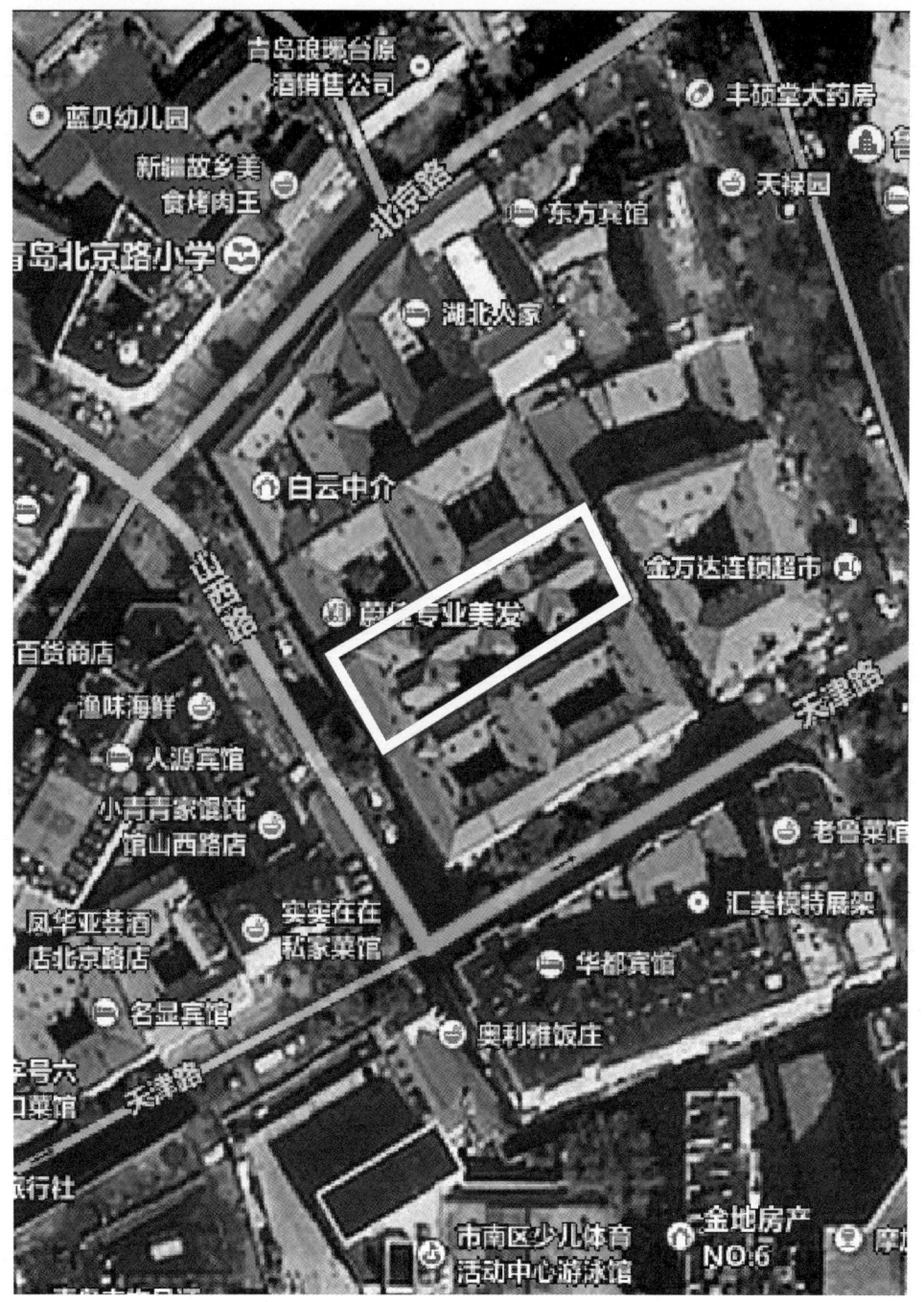

山西路 5 号位于山西路东侧，占地面积约 800 平方米，4 层，是多个矩形院子组成。立面黄色，红色瓦屋面，里院主体采用砖混结构。

站在山西路上向东山西路 5 号 3 号楼入口

站在山西路 5 号西南入口处由西南向东北看

站在山西路 5 号西南入口处由内向外看山西路

山西路 5 号 2 号楼入口

站在西南侧二层外廊上俯瞰院内

站在院内仰视里院上方

# 52. 山西路 11 号

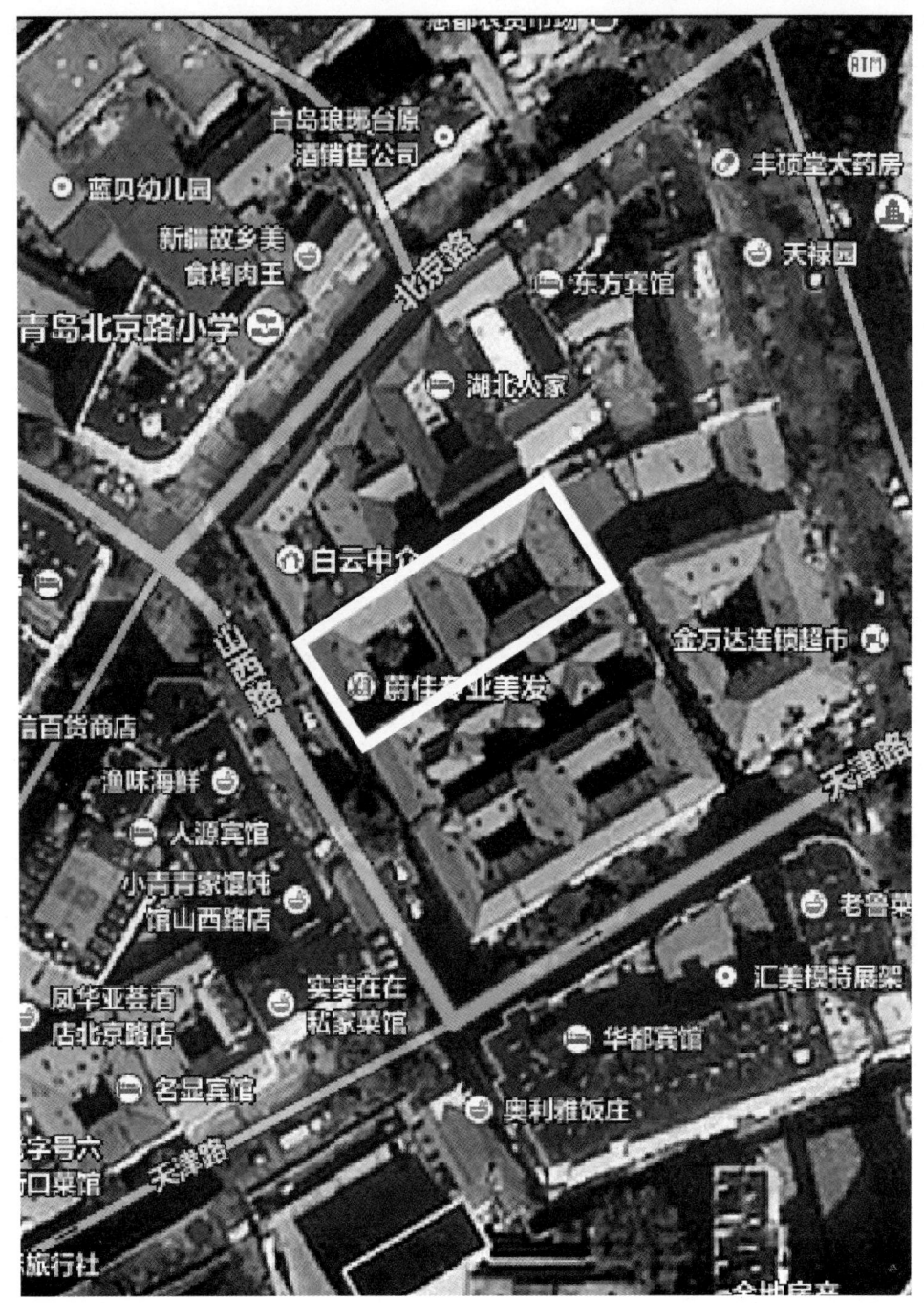

山西路 11 号位于山西路东侧，占地面积约 1000 平方米，3 层，是两个矩形院子组成。立面灰色，红色瓦屋面，里院主体采用砖混结构。

站在东院西南侧二层外廊上由西南向东北看

站在西院西南侧二层外廊上由西南向东北看

站在东院西南侧由西南向东北看

# 53. 山西路 13 号

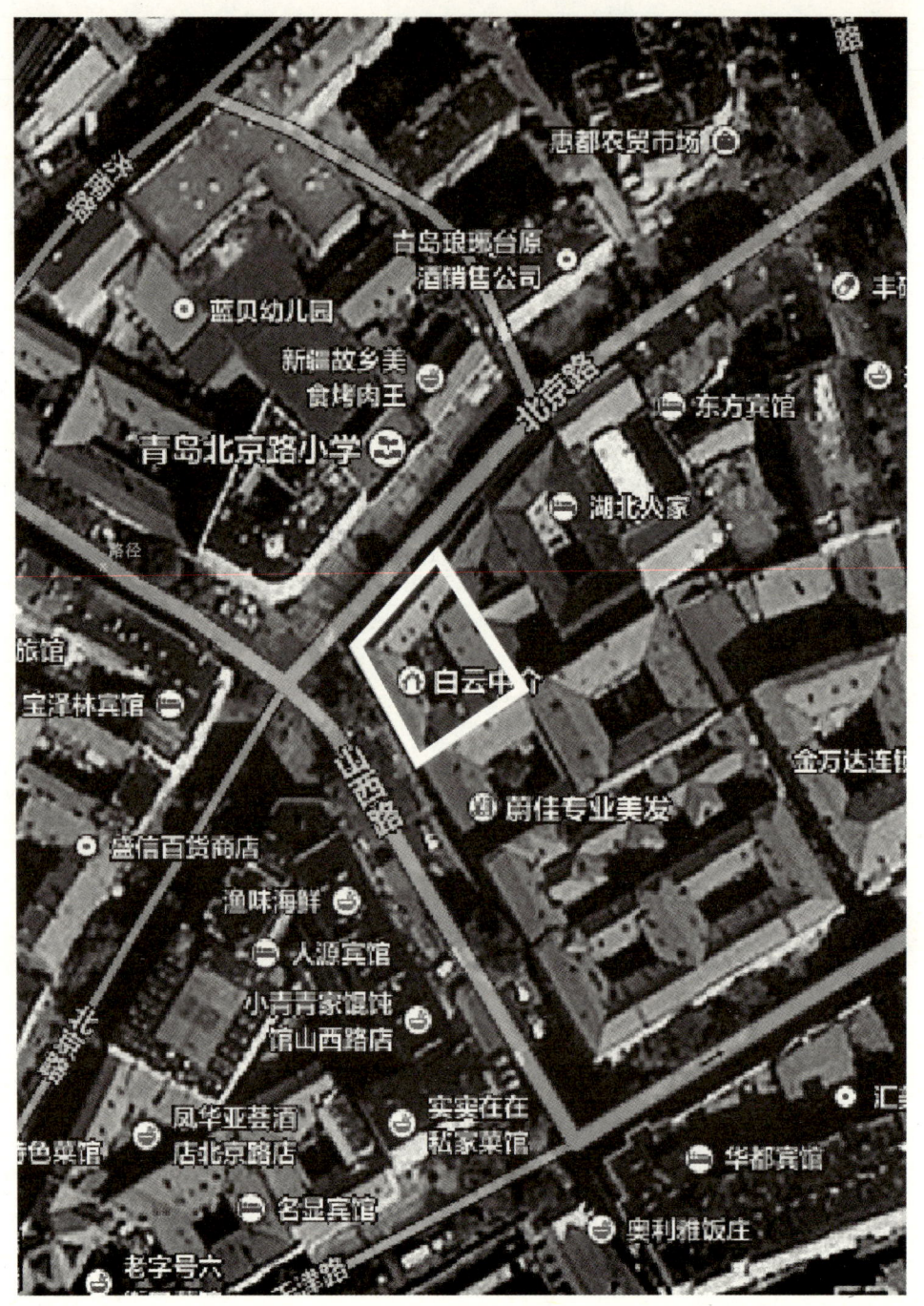

山西路 13 号位于山西路东侧，北京路南侧，占地面积约 494 平方米，3 层，是一个矩形院子组成。立面灰色，红色瓦屋面，里院主体采用砖混结构。

站在山西路 13 号院内西北侧向东南看

站在山西路 13 号院内东侧角二层外廊上向西南俯瞰

站在院内西北侧二层外廊由西北向东南看

# 54. 山西路 19 号乙

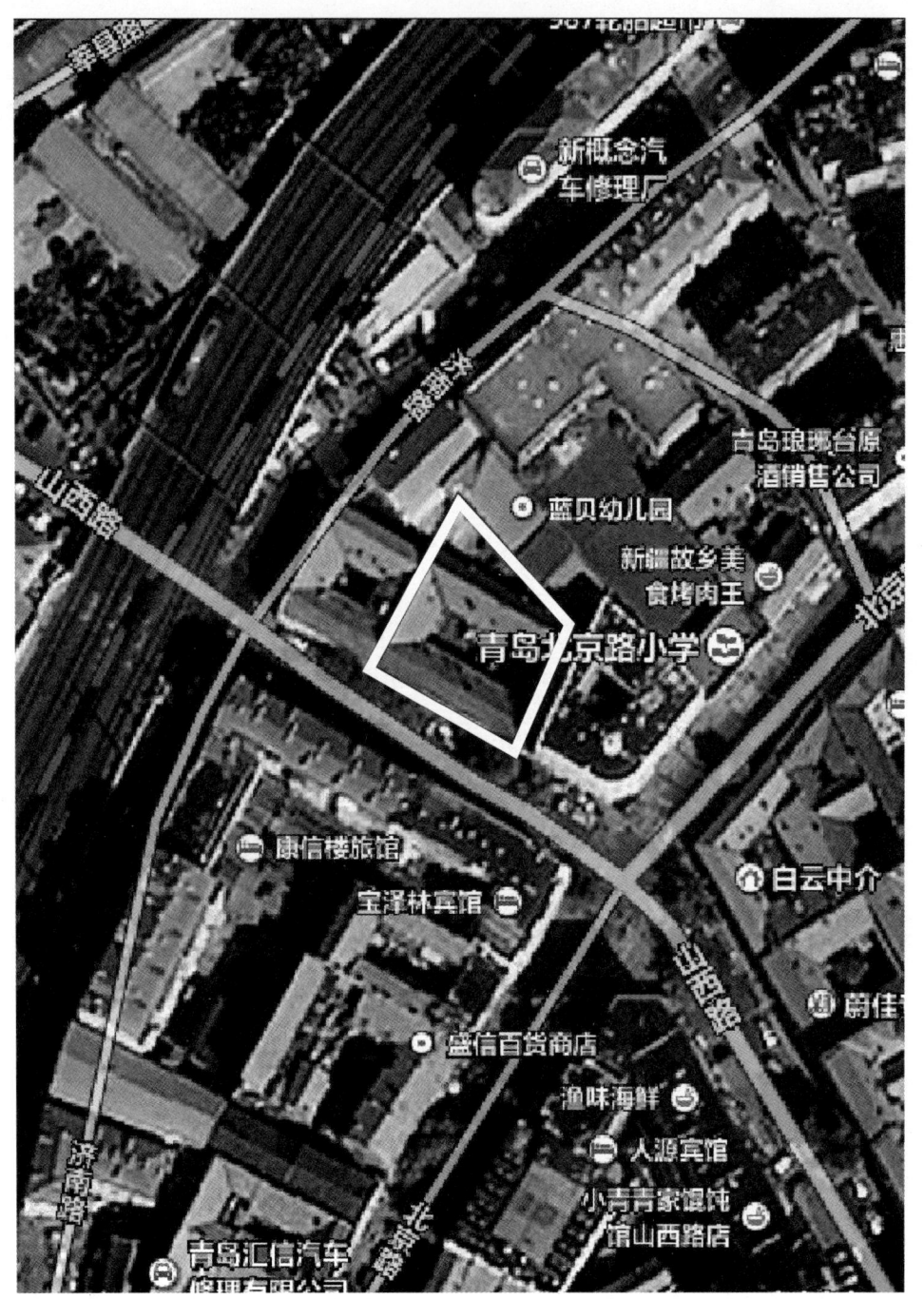

山西路19号乙位于山西路北侧，占地面积约476平方米，2层，是一个矩形院子组成。立面灰色，红色瓦屋面，里院主体采用砖混结构。

站在院内西北侧二层外廊上向东南看

站在院内入口处由内向外看山西路 19 号乙的入口

由东南向西北俯瞰山西路 19 号乙

# 55. 山西路 23 号

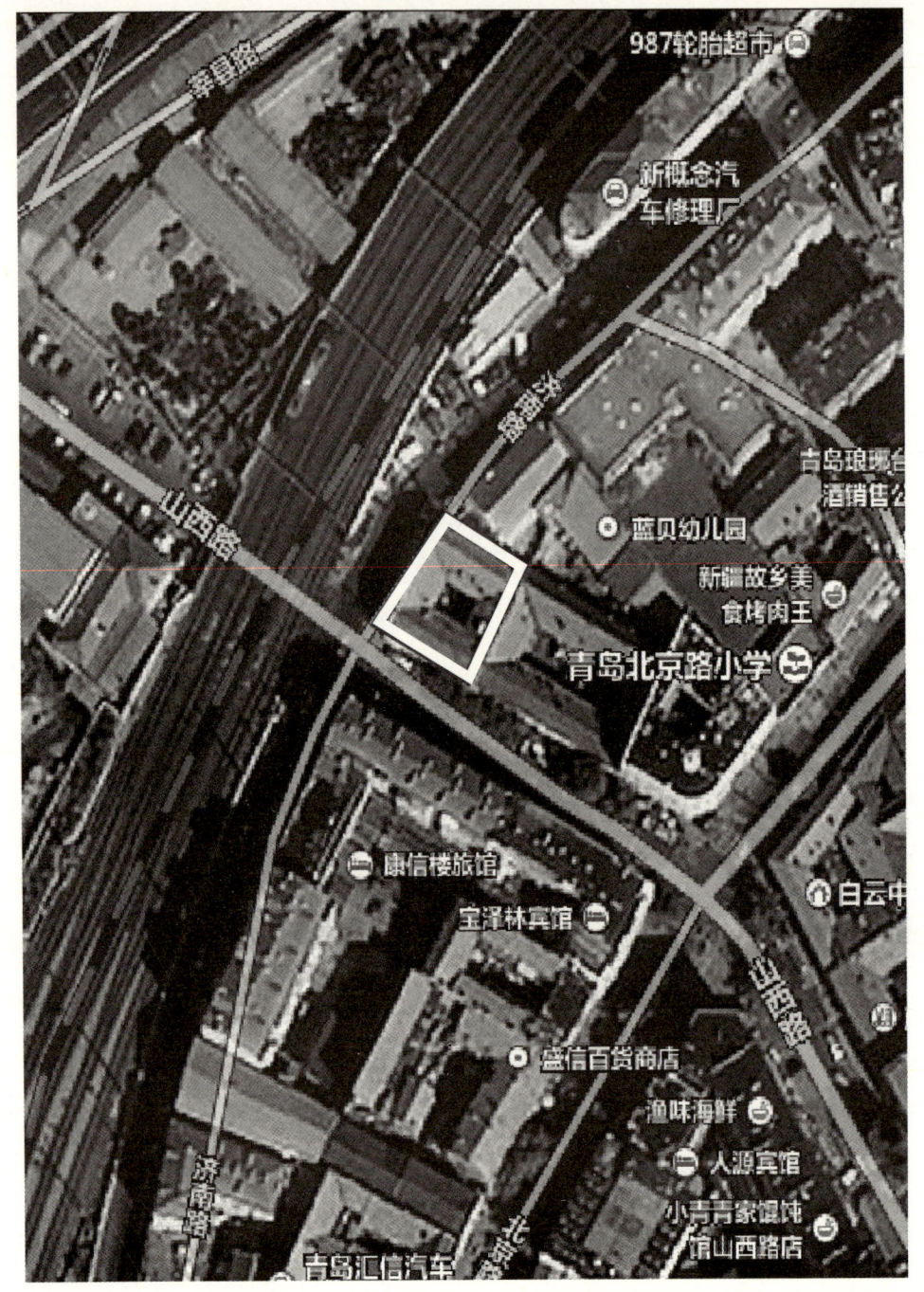

山西路 23 号位于山西路北侧，占地面积约
441 平方米，2 层，是一个矩形院子组成。
立面灰色，红色瓦屋面，里院主体采用砖
混结构。

站在山西路 23 号院内南侧二层外廊上向北看

站在山西路上向东看山西路 23 号西外立面

站在院内中部由西向东看

147

# 56. 安徽路 36 号

安徽路 36 号位于安徽路西侧，占地面积约 380 平方米，2 层，是一个矩形院子组成。立面灰色，红色瓦屋面，里院主体采用砖混结构。

站在安徽路 36 号西北侧二层外廊上由西北向东南看

站在安徽路 36 号内东北侧二层外廊上由东北向西南看

站在安徽路 36 号内西北侧二层外廊上由西向东看

149

# 57. 肥城路 5 号

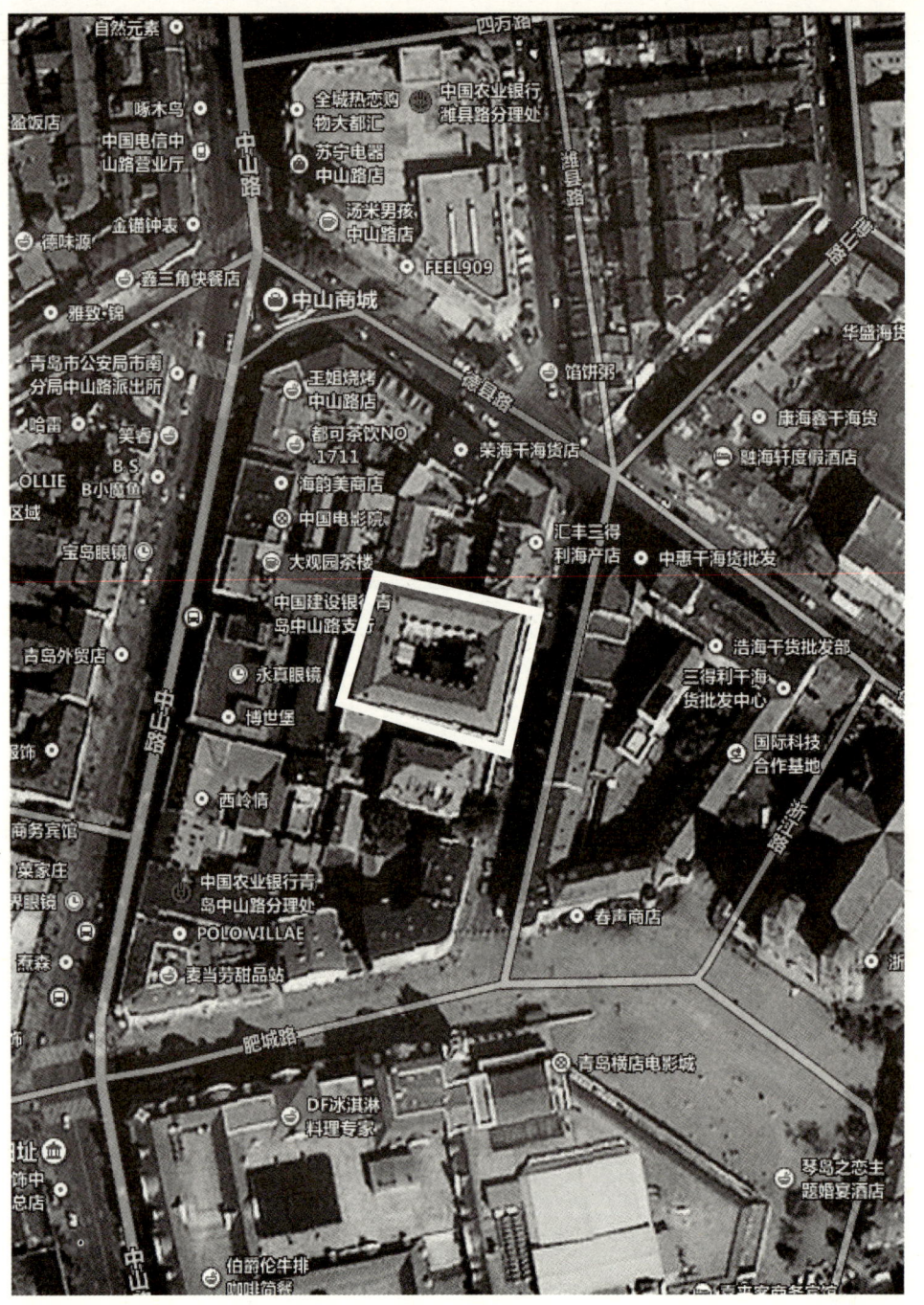

肥城路 5 号位于肥城路北侧，占地面积约 1482 平方米，4 层，是一个矩形院子组成。立面粉色，红色瓦屋面，里院主体采用砖混结构。

站在肥城路 5 号内东侧三层外廊上由东向西看

站在肥城路 5 号楼梯处由东向西看

站在肥城路 5 号内中部仰视

151

# 58. 肥城路 38 号

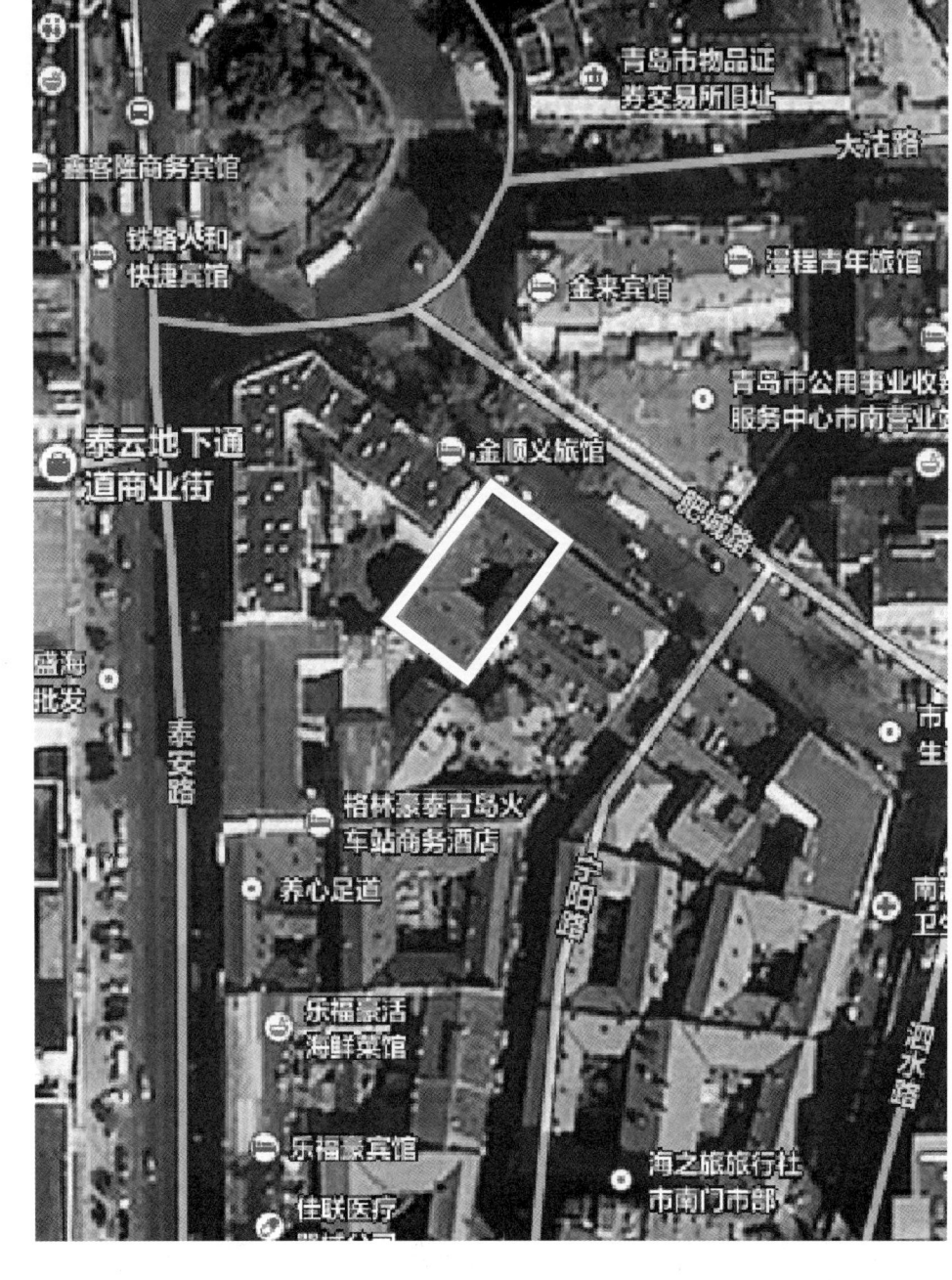

肥城路 38 号位于肥城路西南侧，占地面积约 390 平方米，是二进院，北院矩形，南院三角形。里院主体采用砖混结构。

站在南院西北侧向东看

站在肥城路上向西南看肥城路 38 号立面

站在南院北侧向南看

153

# 59. 泗水路 10 号

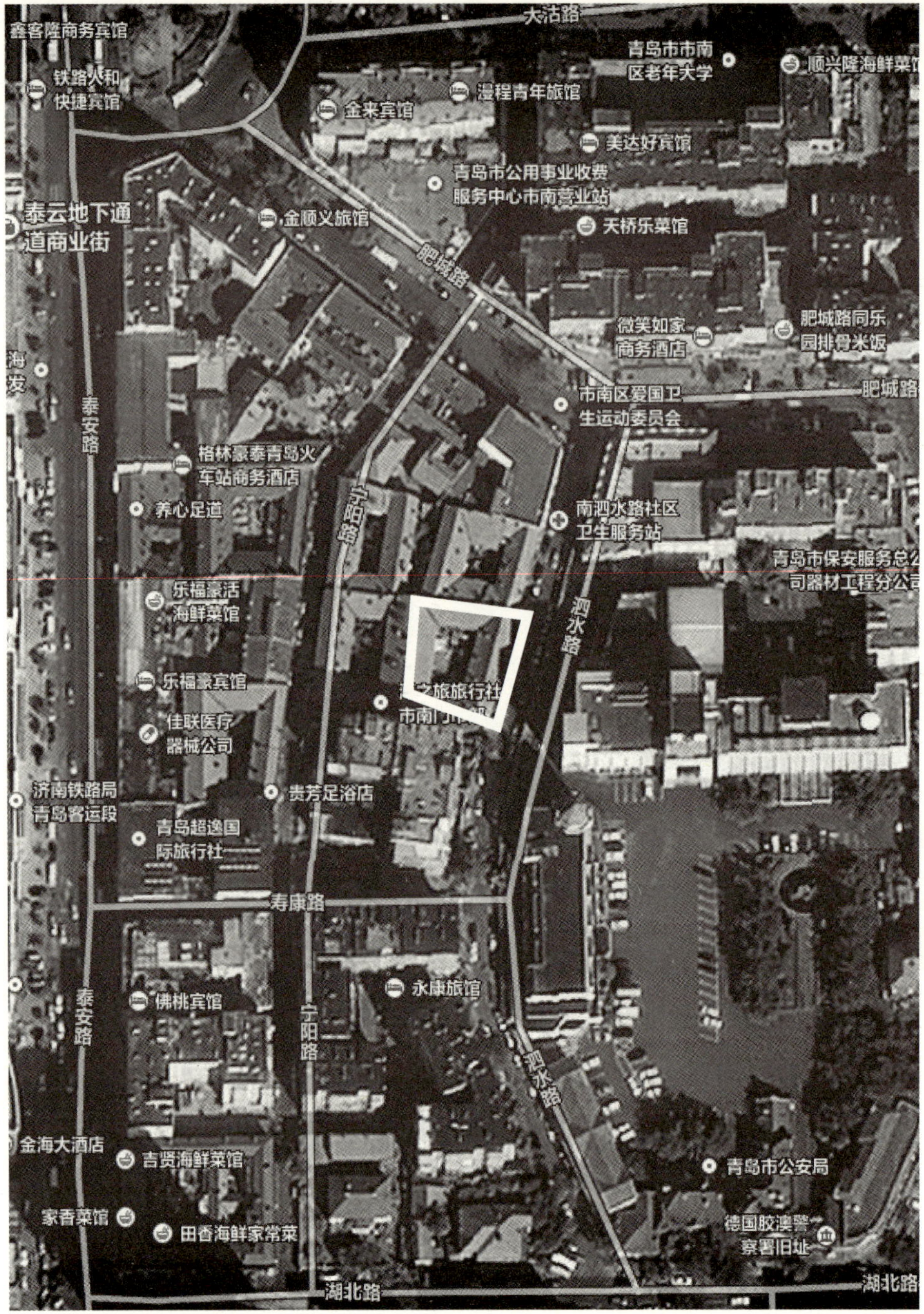

泗水路 10 号位于泗水路西侧，占地面积约
650 平方米，是一个四边形的院落。院内二
层外廊为木构，里院主体采用砖混结构。

站在院内北侧向南看

站在院内正中向南看

站在东南角楼梯上向西向下看

站在院内正中向北看

# 60. 泗水路 12 号

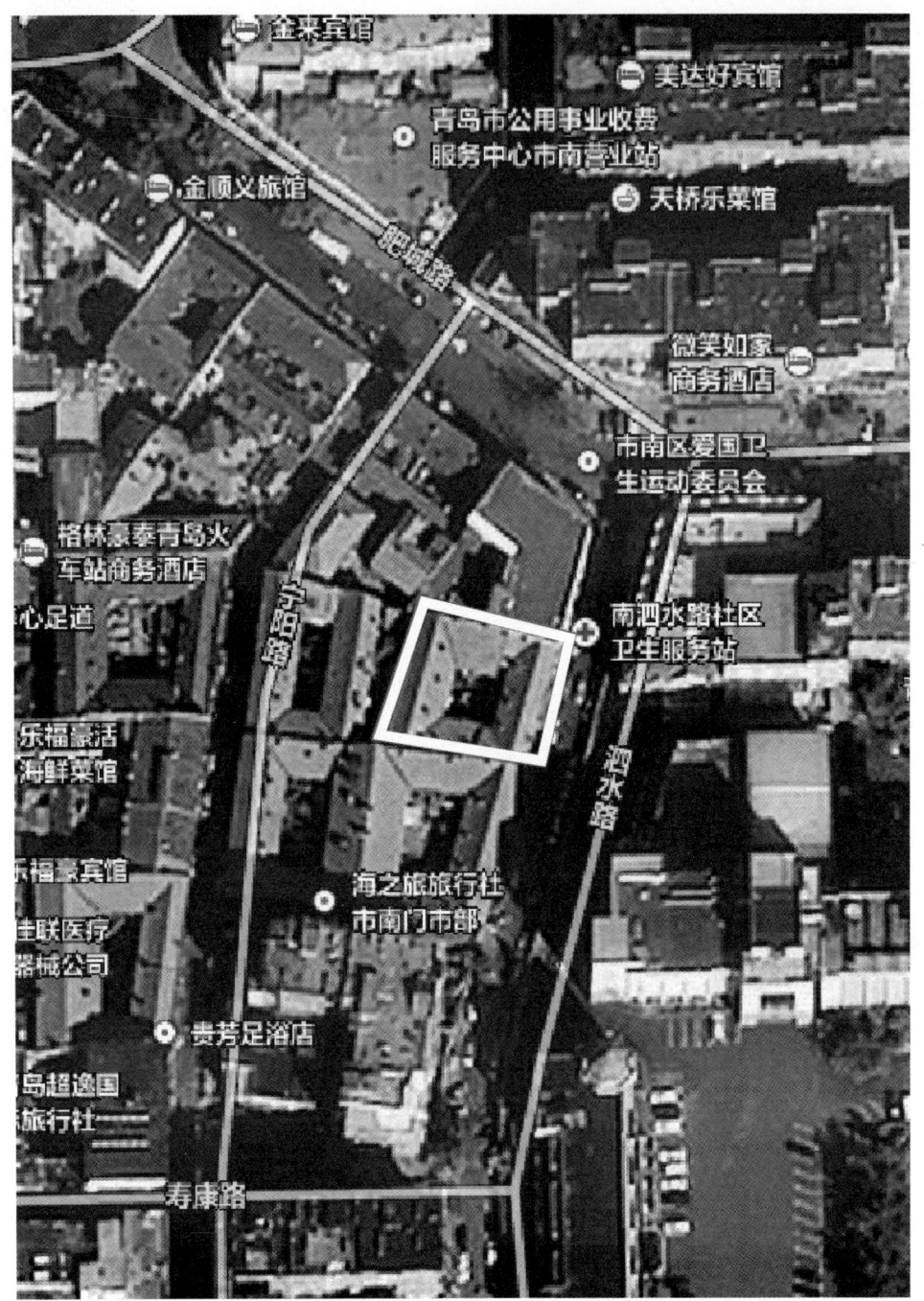

泗水路 12 号位于泗水路西侧，占地面积约
530 平方米，是一个四边形的院落。院内二
层外廊木构，里院主体采用砖混结构。

站在院内东侧二层外廊中段向西看

站在院子东侧向西看

站在院内北侧向南看

# 61. 宁阳路 11 号

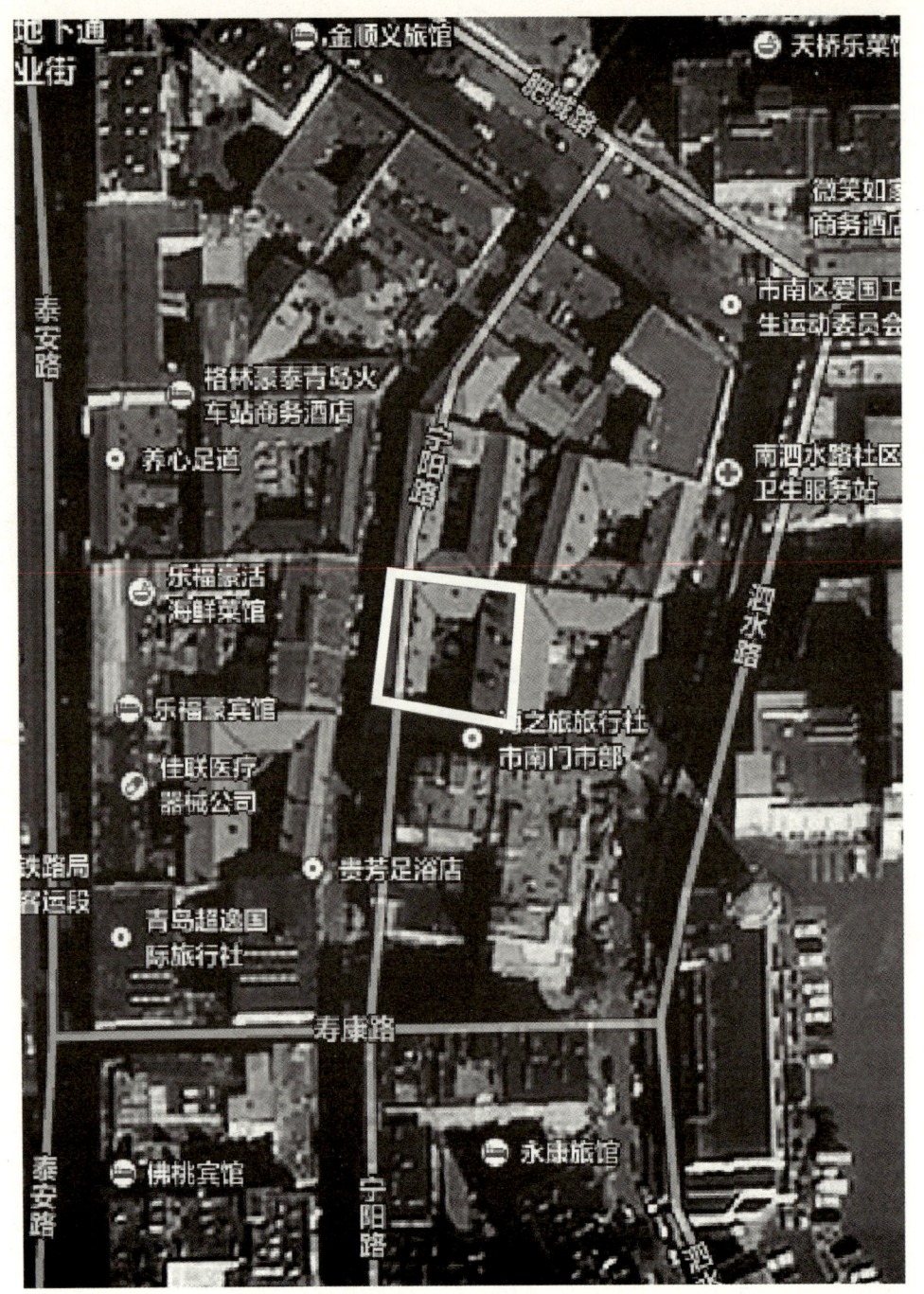

宁阳路 11 号位于宁阳路东侧，占地面积约589 平方米，是一个矩形的院落。立面颜色土黄色、材质水泥抹灰、砖，内部走廊为木构，里院主体采用砖混结构。

于入口处站在院内向东看

在院内自东向西看向入口处

站在院内正中自北向南看

站在院内中央向东北看

站在院内自东向西看向入口处

站在入口处的台阶上向北看

站在入口处自西向东看东房屋局部

# 62. 宁阳路 12 号

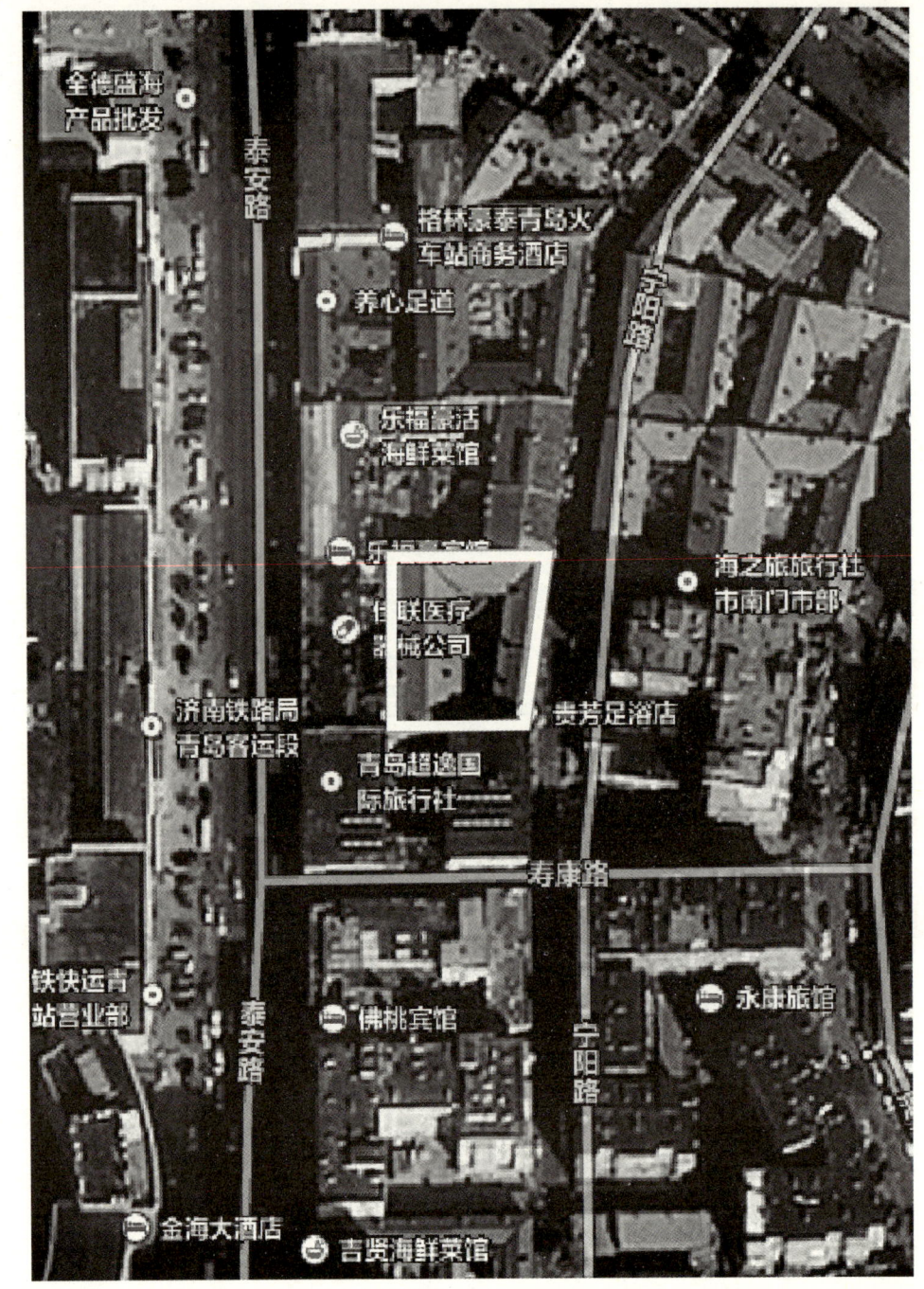

宁阳路 12 号位于宁阳路西侧，占地面积约 1248 平方米，是一个近似矩形的院落。立面颜色土黄色、材质石材、水泥砂浆，内部走廊采用水泥砌筑结构，里院主体采用砖混结构。

站在北楼梯平台上自北向南看

站在西侧三层外廊向东看

站在北侧三层外廊东端向南看

站在西侧二层外廊向东看南楼梯

站在西北侧楼梯上自北向南看

站在院中央自东向西看西屋入口

站在西侧三层中间洞内向东看向院内

# 63. 宁阳路 17 号

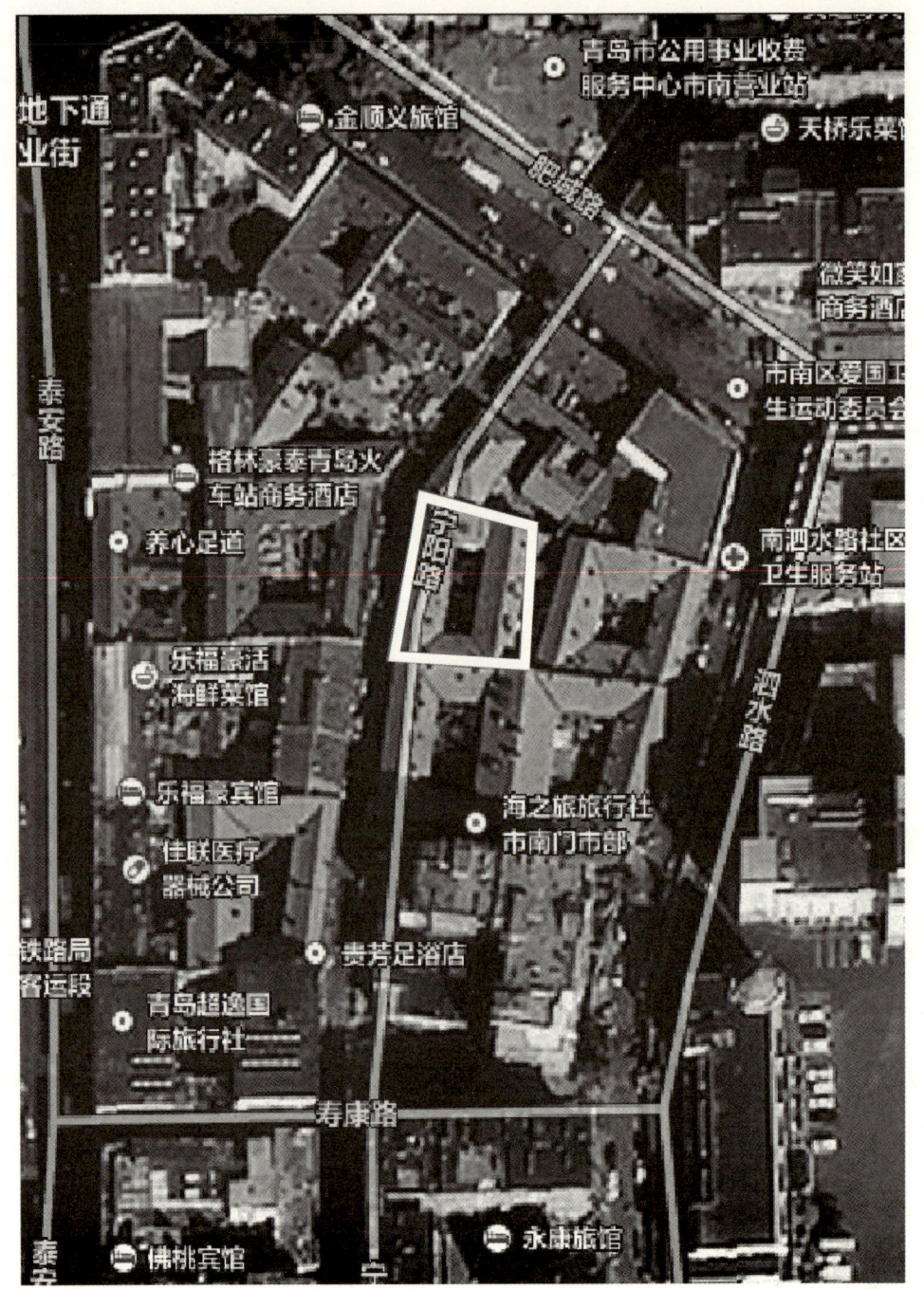

宁阳路 17 号位于宁阳路东侧，占地面积约588 平方米，是一个近似矩形的院落。立面颜色土黄色、材质水泥砂浆，内部走廊采用水泥砌筑与木构，里院主体采用砖混结构。

站在西二层侧外廊向东看主楼梯

站在南侧二层外廊向北看

站在入口门廊处自北向南看南楼梯

# 64. 宁阳路 23 号

宁阳路 23 号位于宁阳路东侧, 占地面积约 462 平方米, 是一个梯形的院落。立面颜色 土黄色、材质石材水泥砂浆, 内部走廊采用 水泥砌筑与木构, 里院主体采用砖混结构。

站在西南角楼梯平台上向东北角看

在宁阳路自西向东看

站在院落中央向西看

# 65. 宁阳路 25 号

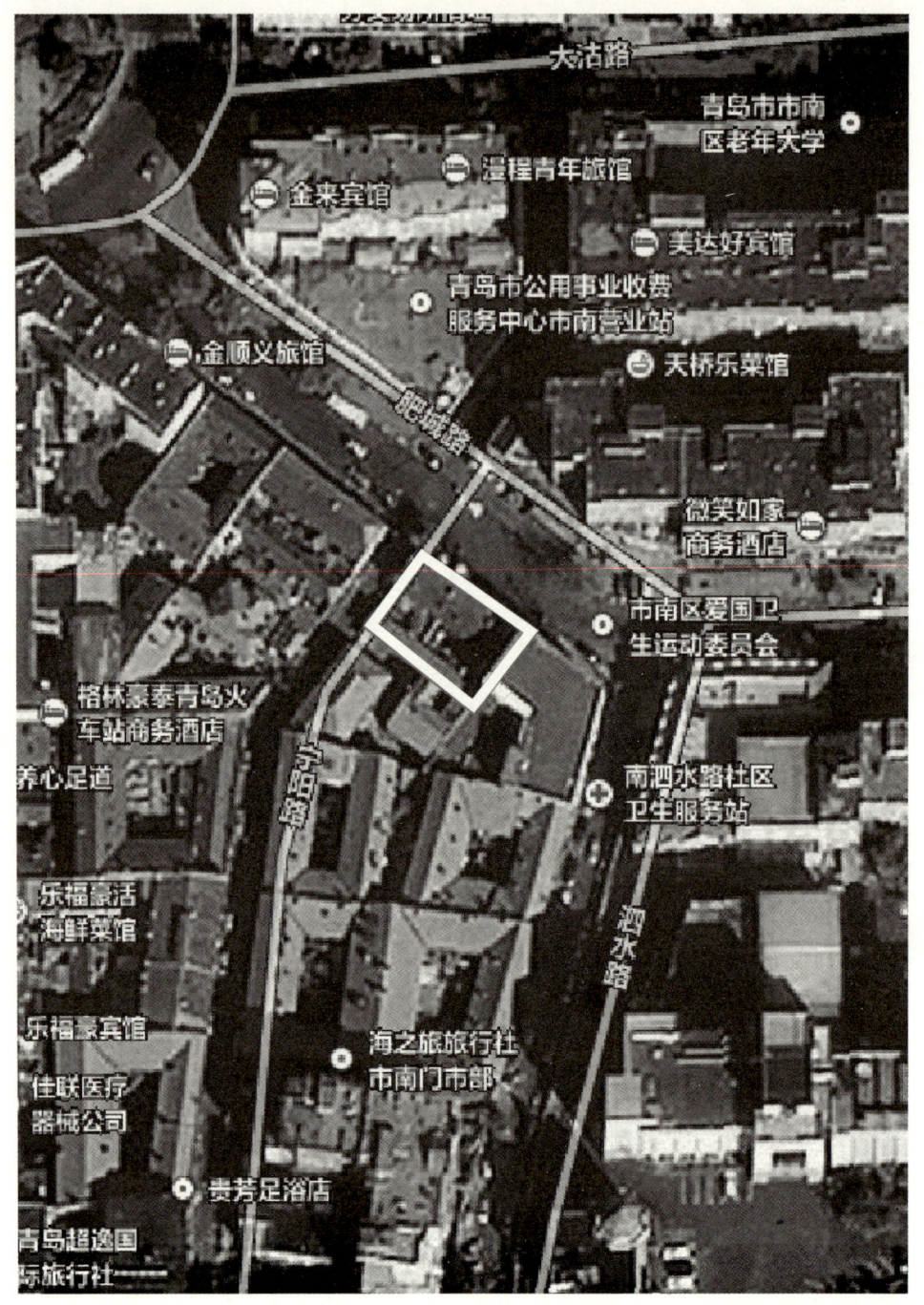

宁阳路 25 号位于宁阳路东侧，占地面积约 240 平方米，是一个矩形的院落。立面颜色浅粉色、材质石材、涂料，内部走廊采用水泥砌筑与木构，里院主体采用砖混结构。

站在西院北侧外廊向西南看

站在西院院内向北看

站在宁阳路上自西向东看入口

站在宁阳路上向东看入口

站在西院向北看向入口

171

# 66. 宁阳路 26 号

宁阳路 26 号位于宁阳路西侧，占地面积约
750 平方米，是一个不规则图形的院落。立
面颜色土黄色、材质石材水泥砂浆，内部
走廊采用木构，里院主体采用砖混结构。

站在西南角楼梯上向东北看

站在二层东南角向西北看

站在入口处自东向西看

173

# 67. 泰安路 17 号

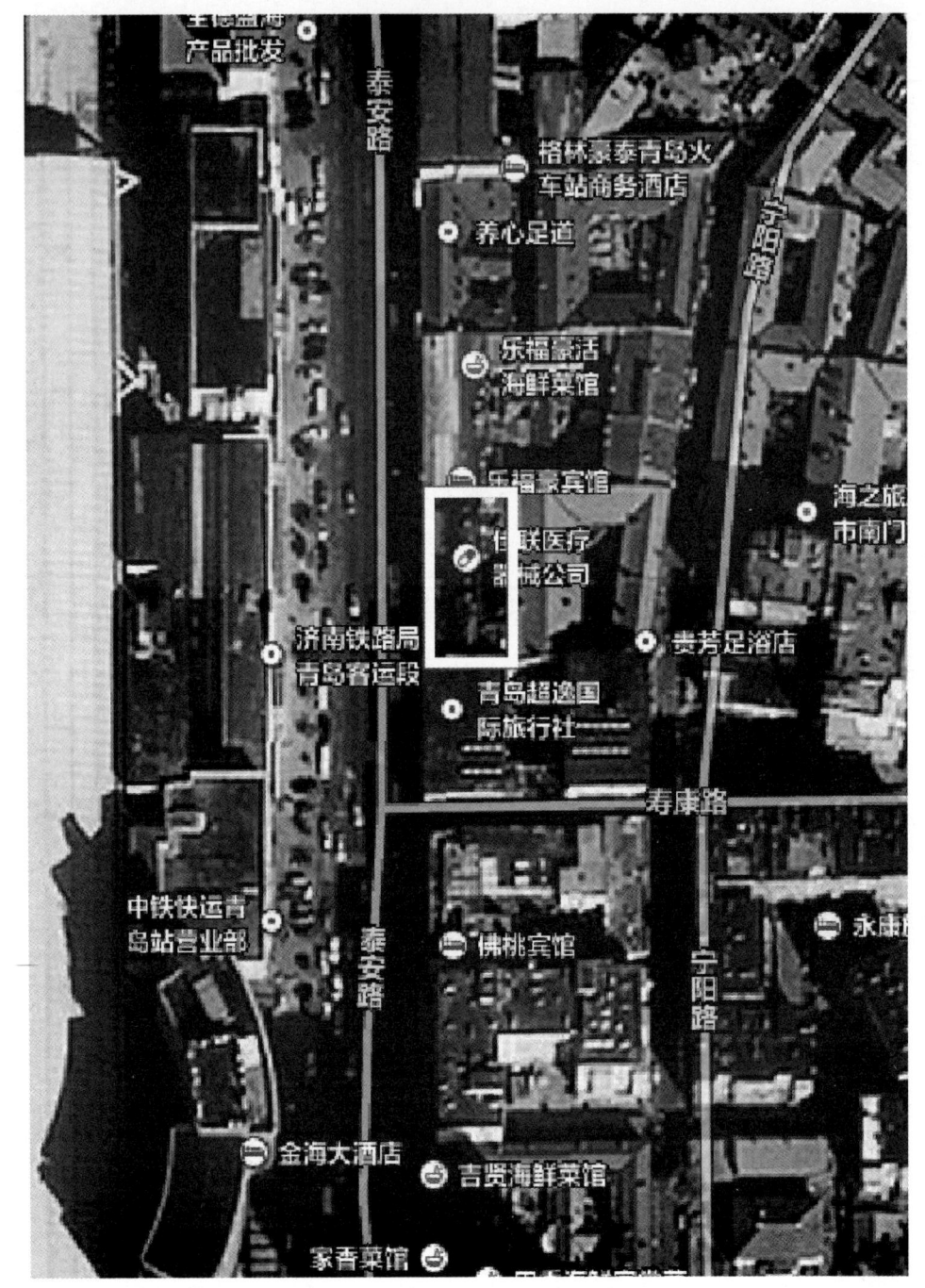

泰安路 17 号位于泰安路东侧，占地面积约
450 平方米，是一个矩形的院落。立面颜色
土黄色、材质砌块，内部走廊采用水泥砌
筑结构，里院主体采用砖混结构。

站在院内北侧楼梯平台上向南看

站在院内东侧向西入口看

站在西侧沿街入口处向里看　　　　站在院内中央向南看

站在南侧楼梯上向北看

站在北侧楼梯平台上向南看

177

# 68. 泰安路 23 号

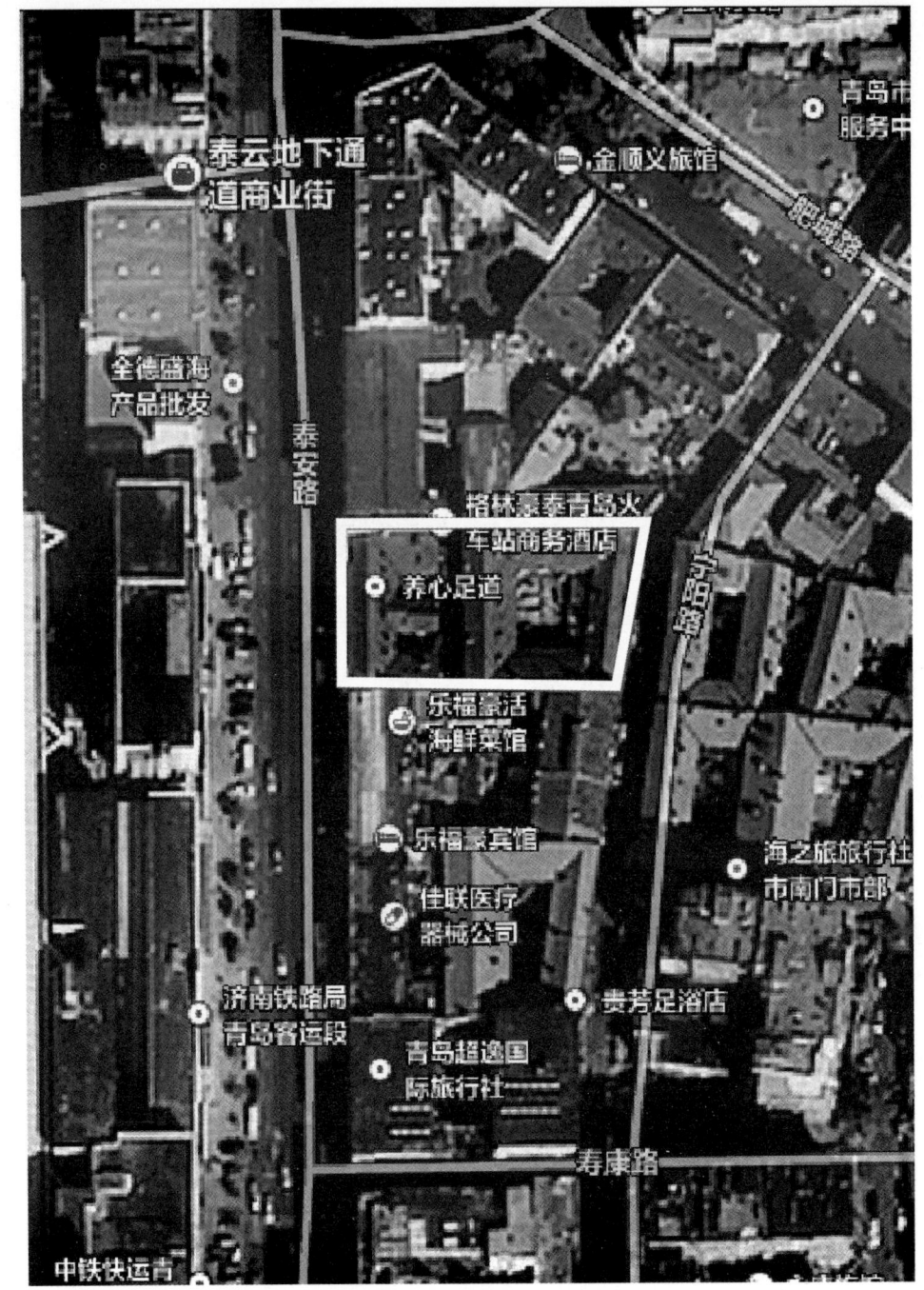

泰安路 23 号位于泰安路东侧，占地面积约1200 平方米，是一个矩形的院落。立面颜色土黄色、材质水泥砂浆，内部走廊采用木质结构，里院主体采用砖混结构。

站在西院西侧二层外廊向东看

站在院内北侧二层外廊向南看

站在东院北侧二层外廊向南看

# 69. 浙江路 24 号

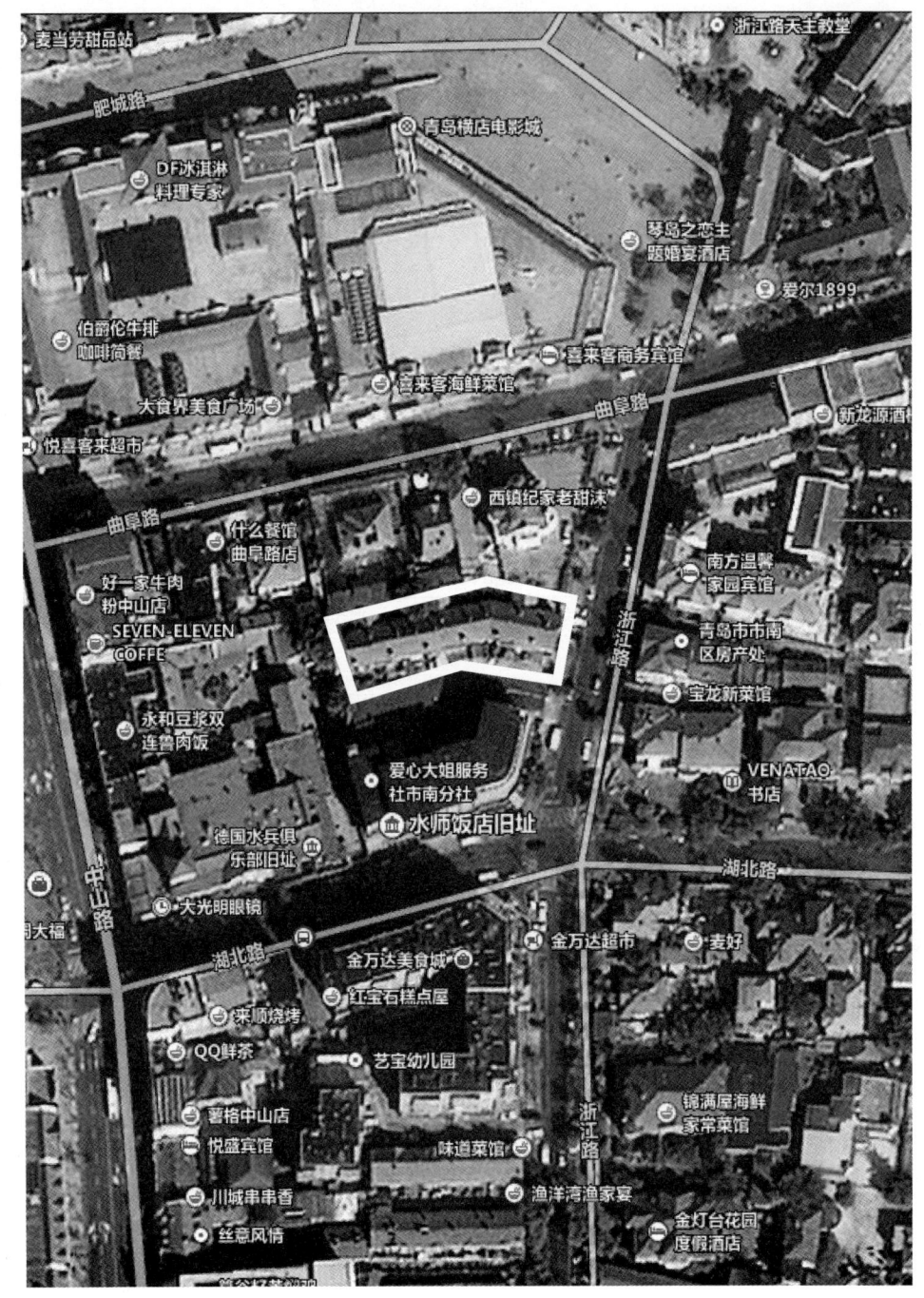

浙江路 24 号位于浙江路西侧，占地面积约 960 平方米，是一个矩形的院落。立面颜色 浅粉色、材质涂料，内部走廊采用水泥砌 筑结构，里院主体采用砖混结构。

站在院内中央自东向西看院内

站在院内东南端向西北看向入口处

站在院内西端向东看

# 70. 曲阜路 32 号

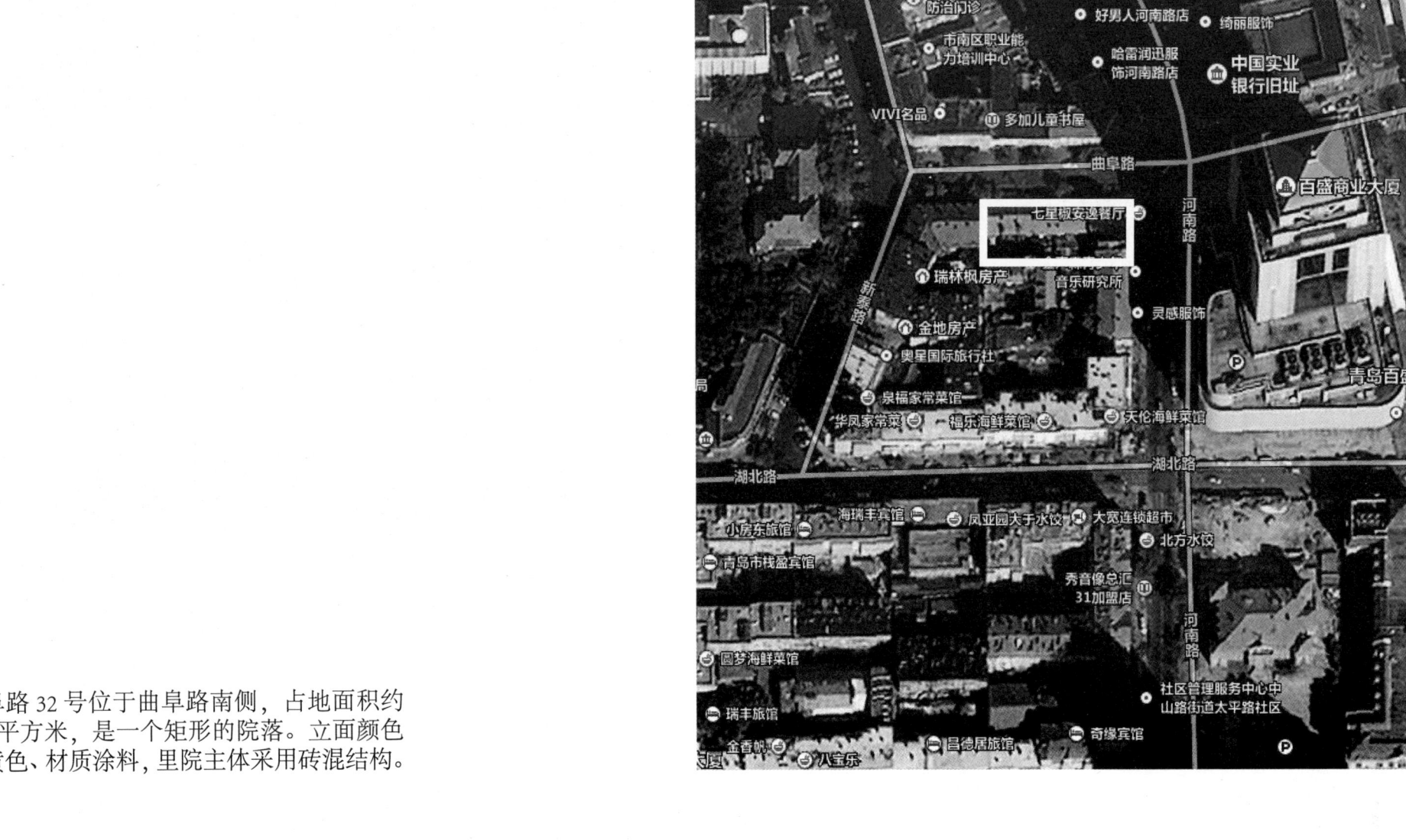

曲阜路 32 号位于曲阜路南侧，占地面积约
720 平方米，是一个矩形的院落。立面颜色
土黄色、材质涂料，里院主体采用砖混结构。

站在北侧二层外廊向南看

站在北侧二层外廊西端向南看

站在北侧二层外廊向南看

站在入口处向西看

站在北侧二层外廊向西看

# 71. 湖北路 95 号

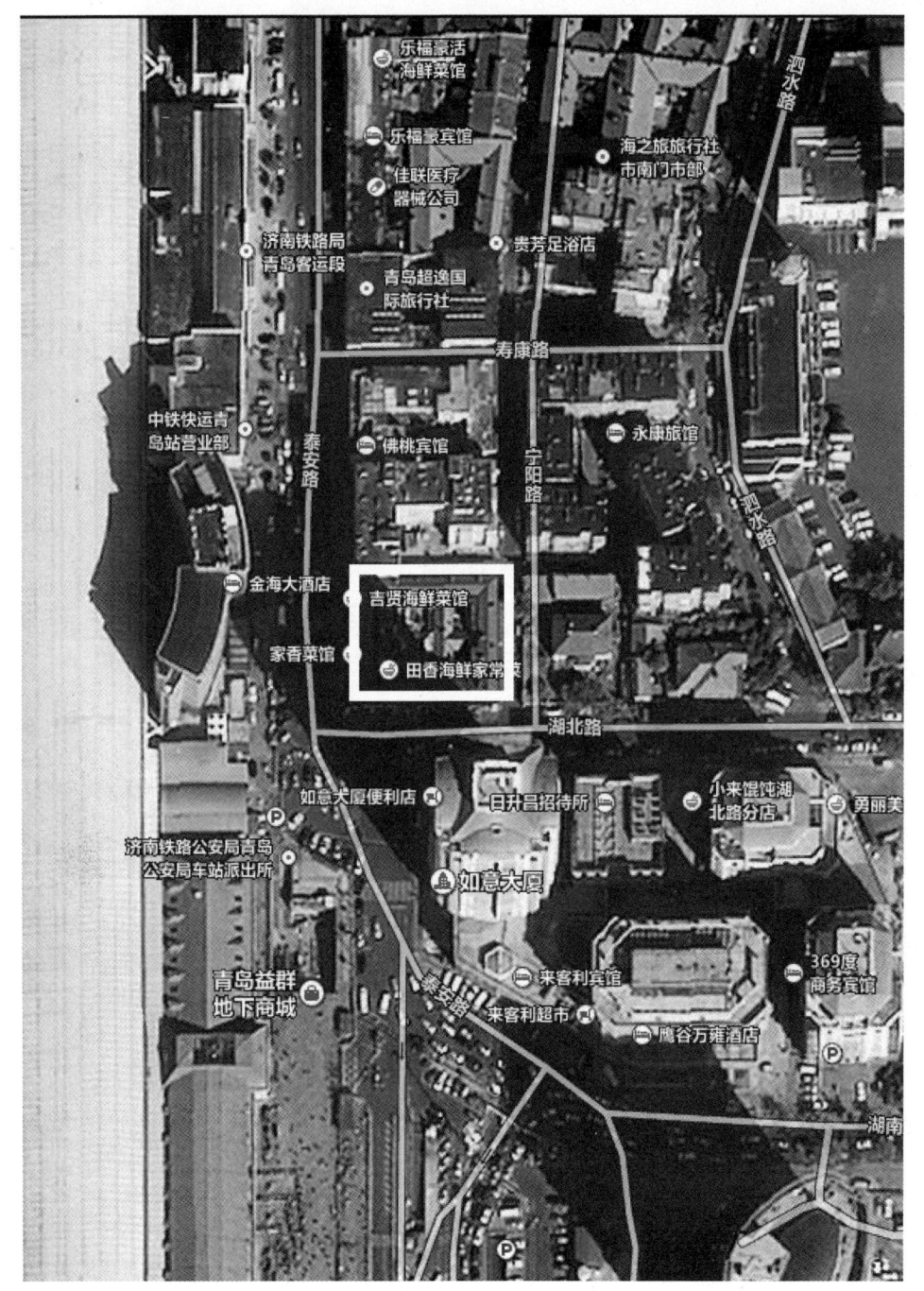

湖北路 95 号位于湖北路北侧，占地面积约1360 平方米，是一个矩形的院落。立面颜色灰白色、材质面砖涂料，内部走廊采用水泥砌筑结构，里院主体采用砖混结构。

站在湖北路上自南向北看外立面

站在南侧二层外廊向北看

站在院北部室内楼梯向上看

站在院中央自西向东看一层门

站在院北侧三层外廊向南看

# 72. 广西路 49 号

广西路 49 号位于广西路北侧，占地面积约
900 平方米，是一个矩形的院落。立面颜色
土黄色、材质涂料，内部走廊采用水泥砌
筑加木构，里院主体采用砖混结构。

站在院内自东向西看主楼梯

站在院北侧二层向南看

站在院内中央自东向西看

# 73. 东平路 37 号一号院

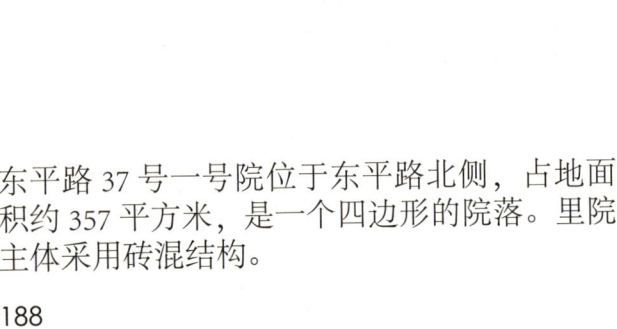

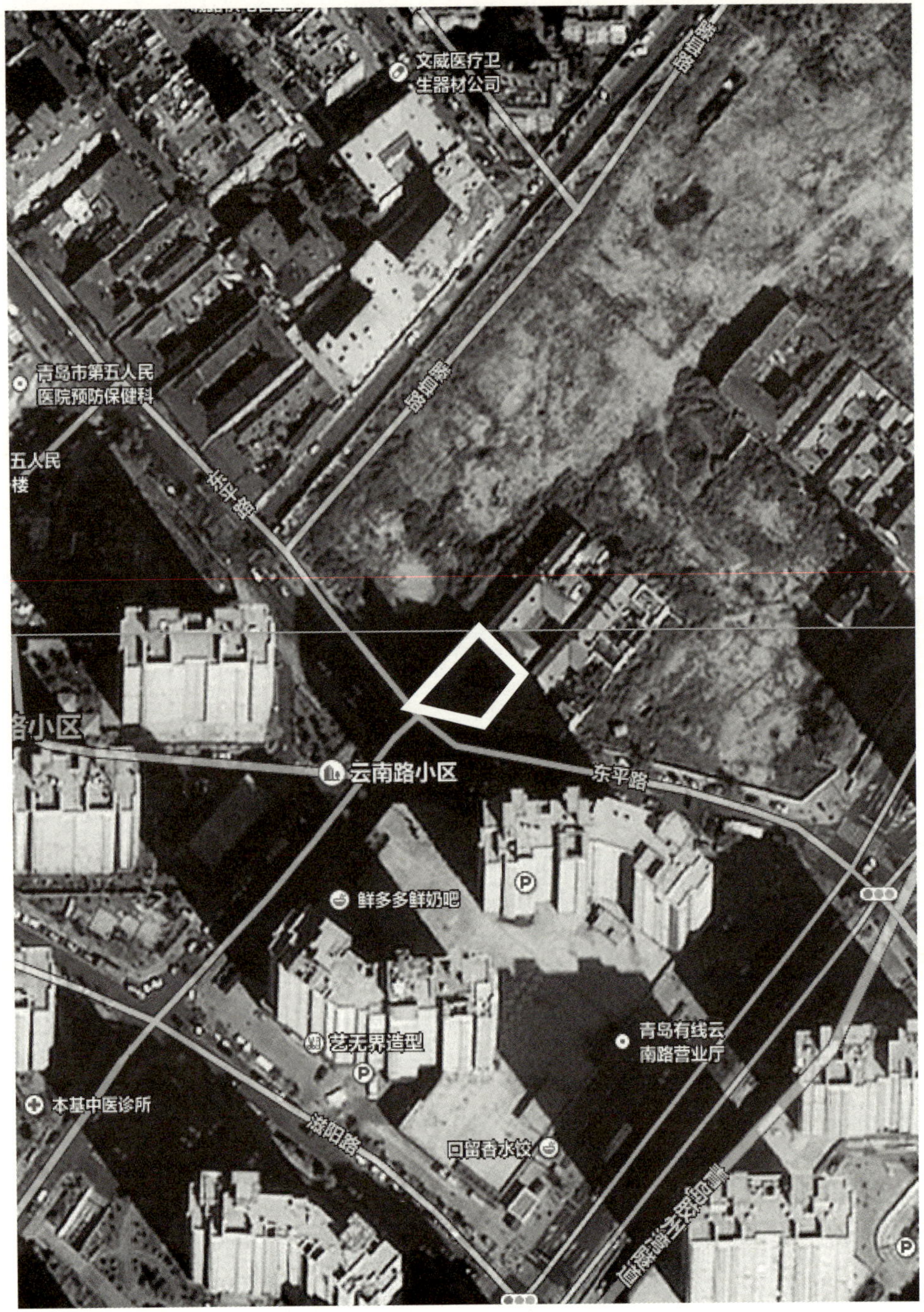

东平路 37 号一号院位于东平路北侧，占地面积约 357 平方米，是一个四边形的院落。里院主体采用砖混结构。

站在东侧入口处向西望

站在北侧二层外廊向南望

站在南侧二层外廊向北望

北侧一层西侧廊下檐柱

站在西侧二层外廊向东望

# 74. 东平路 37 号二号院

东平路 37 号二号院位于东平路北侧，占
地面积约 300 平方米，是一个矩形的院落。
里院主体采用砖混结构。

站在院内西侧檐下向东望

院内一层西北角

站在西南角望西侧檐廊

站在院内东南角向北看

站在院内正中向东看

# 75. 东平路 37 号三号院

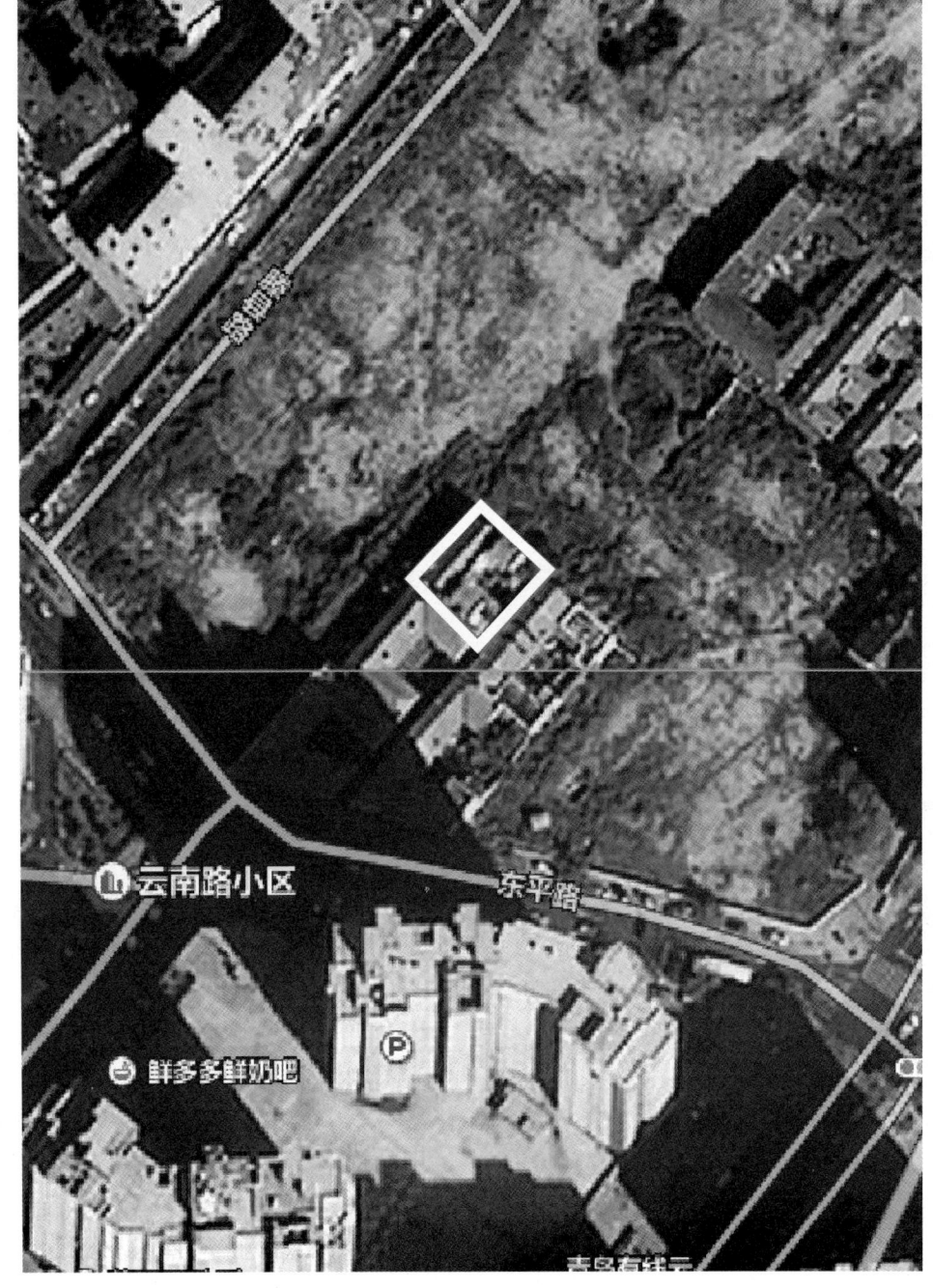

东平路 37 号三号院位于东平路北侧，占地
面积约 235 平方米，是一个矩形的院落。里
院主体采用砖混结构。

站在入口通道北端向西看

站在东侧入口处向西看

站在院内正中向南向上看

站在南侧二层看向北侧二层外廊

站在南侧三层外廊向北看

站在北侧二层外廊东端向南看

# 76.东平路 37 号四号院

东平路 37 号四号院位于东平路北侧,占地
面积约 371 平方米,是一个矩形的院落。里
院主体采用砖混结构。

站在南侧二层外廊向北看

站在院子正中向南看

站在北侧二层外廊向南看

201

# 77. 东平路 37 号五号院

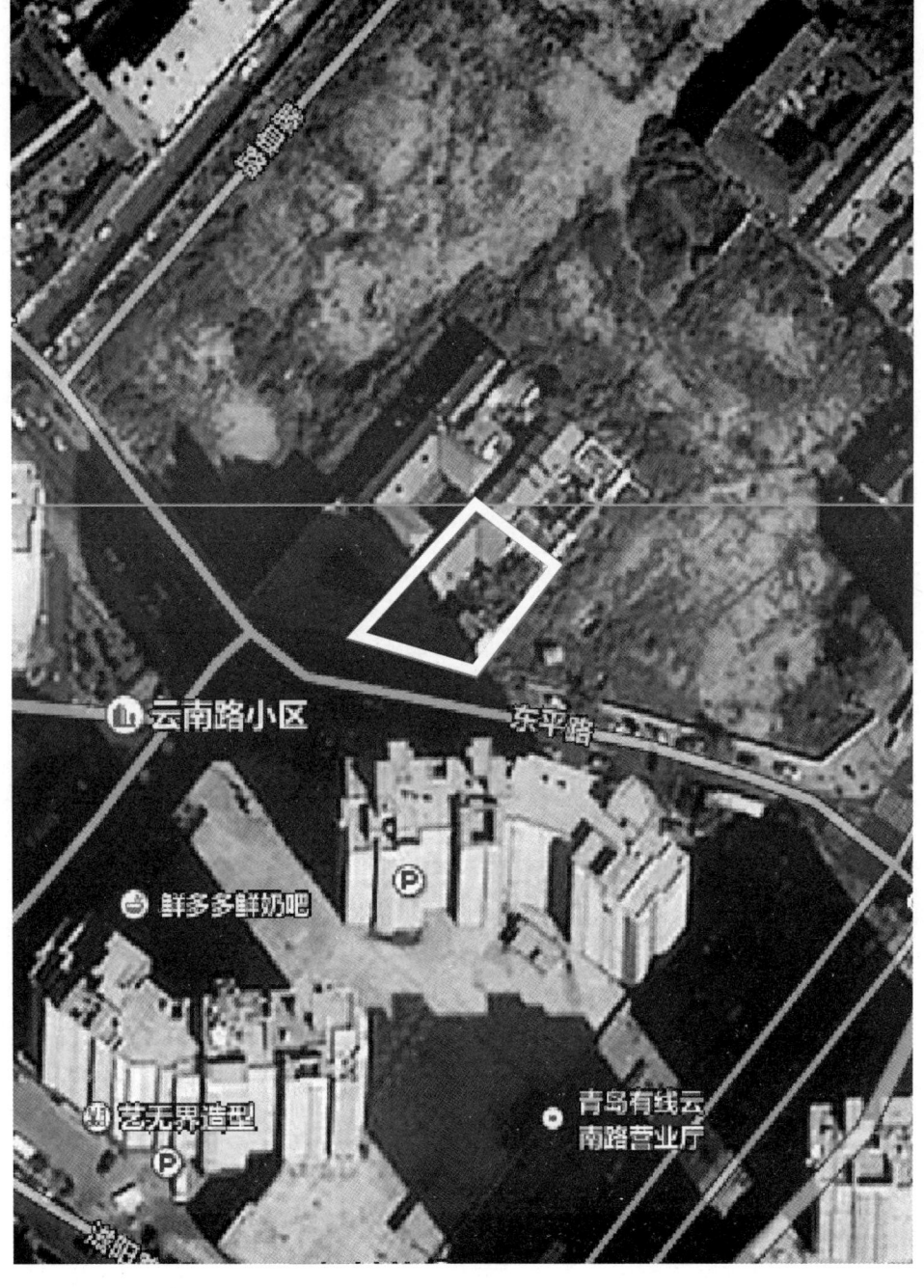

东平路 37 号五号院位于东平路北侧，占地
面积约 450 平方米，是一个四边形的院落。
里院主体采用砖混结构。

站在院内南侧向北看

站在院子正中偏北处向南看

站在院内西侧向北看

站在北侧楼梯上向南看

204

站在南侧二层外廊向北看

站在位于弄堂南段西侧的入口处向东看院内

# 78. 东平路 47 号

东平路 47 号位于东平路北侧，占地面积约
592 平方米，是一个矩形的院落。里院主体
采用砖混结构。

站在西南侧三层外廊向东北望

站在院内南侧楼梯上看西北侧外廊的西段

站在东南侧二层外侧向西南方向看

站东平路西南侧向东北方向看沿街立面

站在北侧二至三层楼梯上看向西南方向

站在西侧三层外廊向东南看

# 79. 东平路 51 号

东平路 51 号位于东平路北侧，占地面积约 555 平方米，是一个矩形的院落。院内二层外廊木构，里院主体采用砖混结构。

站在西院南侧二层外廊向东北方向看

站在院内屋顶平台向西南方向看

站在院内西北侧房间内向东南方向看

站在院内东北侧向西南方向看

站在西院北侧二层外廊看向东南方向

站在西院入口处看向东南方向

# 80. 东平路 53 号

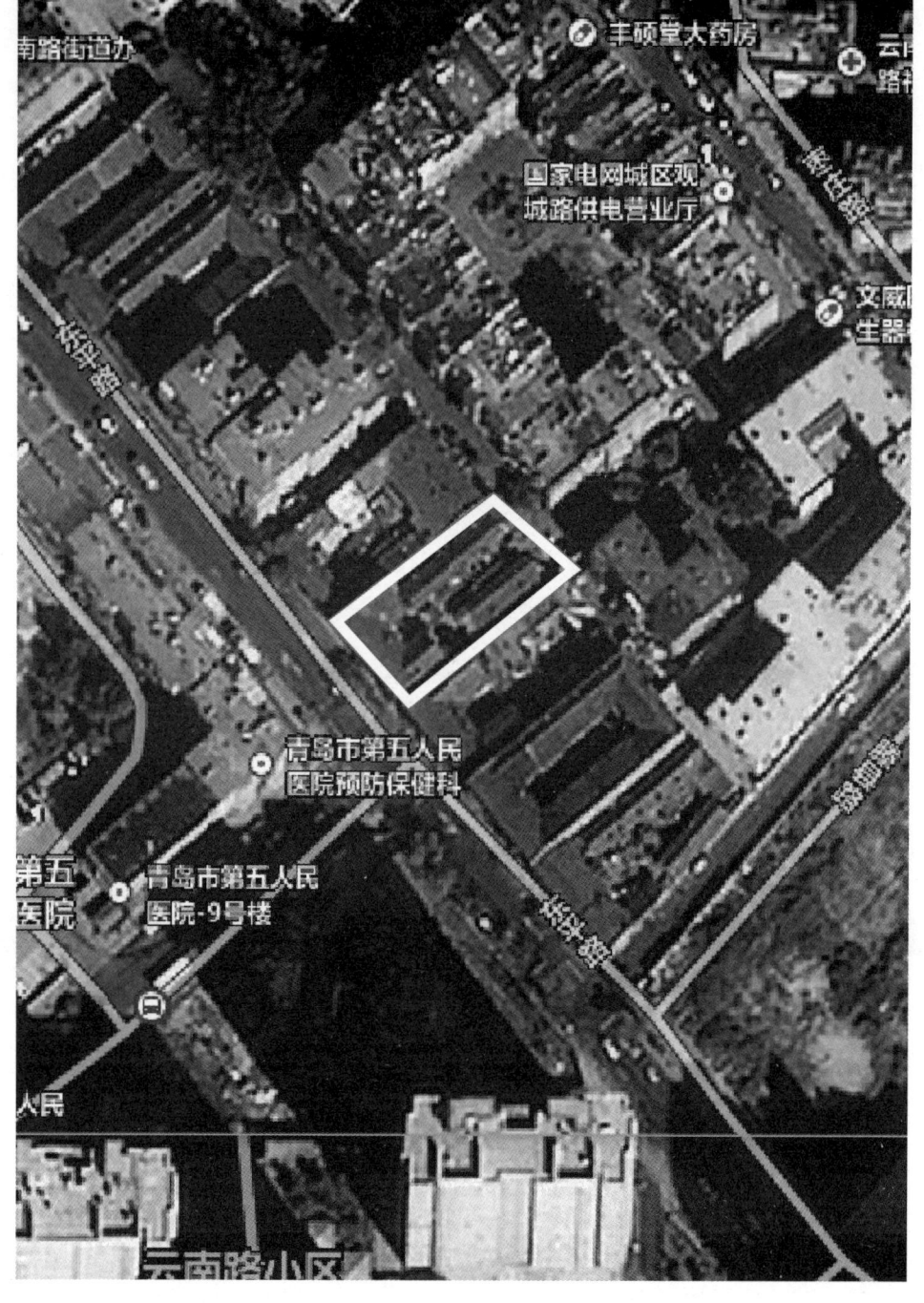

东平路 53 号位于东平路北侧，占地面积约
429 平方米，是一个矩形的院落。二层外
廊木构，里院主体采用砖混结构。

站在西院西北侧二层外廊看向东南方向

站在院内看向西南方向

站在入口处向西南方向看

# 81. 东平路 59 号

东平路 59 号位于东平路北侧，占地面积约
684 平方米，是一个矩形的院落。里院主
体采用砖混结构。

站在院内西南侧的入口处看向东北方向

站在院内东北侧看向西北方向

站在东北二层外廊向西南方向看

# 82. 东平路 73 号

东平路 73 号位于东平路北侧，占地面积约
1296 平方米，是一个正方形的院落。里院
主体采用砖混结构。

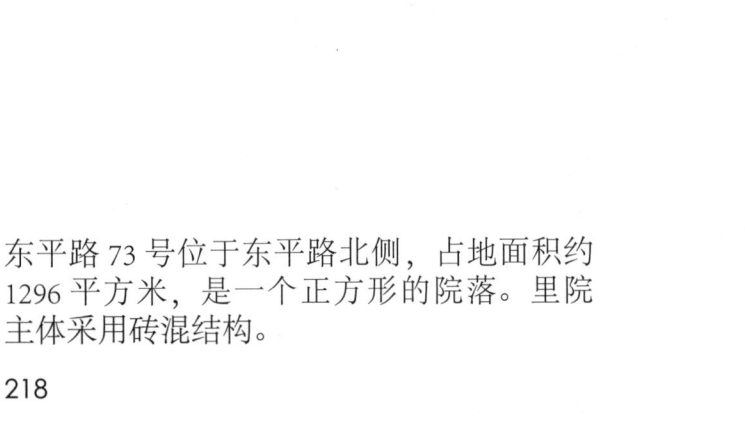

站西院东北侧二层外廊看向西南方向

站在西院东南侧二层外廊向西北方向看

站在东院东北侧二层外廊向西南方向看

站在东平路西南侧向东北看东平路 73 号院立面

站在入口处向东北方向看

站在东北侧向西南方向入口处看

站在东院入口处向东南方向看

站在西院院内正中向东北方向看

# 83.藤县路2号

藤县路2号位于藤县路与东平路交汇处西
北侧，占地面积约595平方米，是一个矩
形的院落。里院主体采用砖混结构。

站在西侧二层外廊向东看

站在南侧入口处向北看院内

站在藤县路上向北看藤县路 2 号外立面

站在北侧楼梯上向北看

# 84. 费县路76号

费县路76号位于费县路南侧，占地面积约
400平方米，是一个正方形的院落。里院
主体采用砖混结构。

站在入口处向南看　　　站入口处楼梯上向下向北看

站在北侧三层外廊向东看　　　　　　　站在费县路76号院内正中向北向上看

# 85. 费县路 86 号

费县路 86 号位于费县路南侧，占地面积约
418 平方米，是一个矩形的院落。里院主体
采用砖混结构。

站在东侧二层外廊南端向西北看

站在院子东侧中段向北看

站在入口门廊向南看向院内

# 86. 云南路 164 号

云南路 164 号院位于云南路南侧，占地面积约 960 平方米，是一个四边形的院落。里院主体采用砖混结构。

站在院内中央向北看

站在入口处向东南看

站在云南路向东南看云南路 164 号院西北立面

站在入口处向东南看

站在院内连廊下向西南方向看

站在院内连廊下向东北方向看

# 87. 云南路 171 号

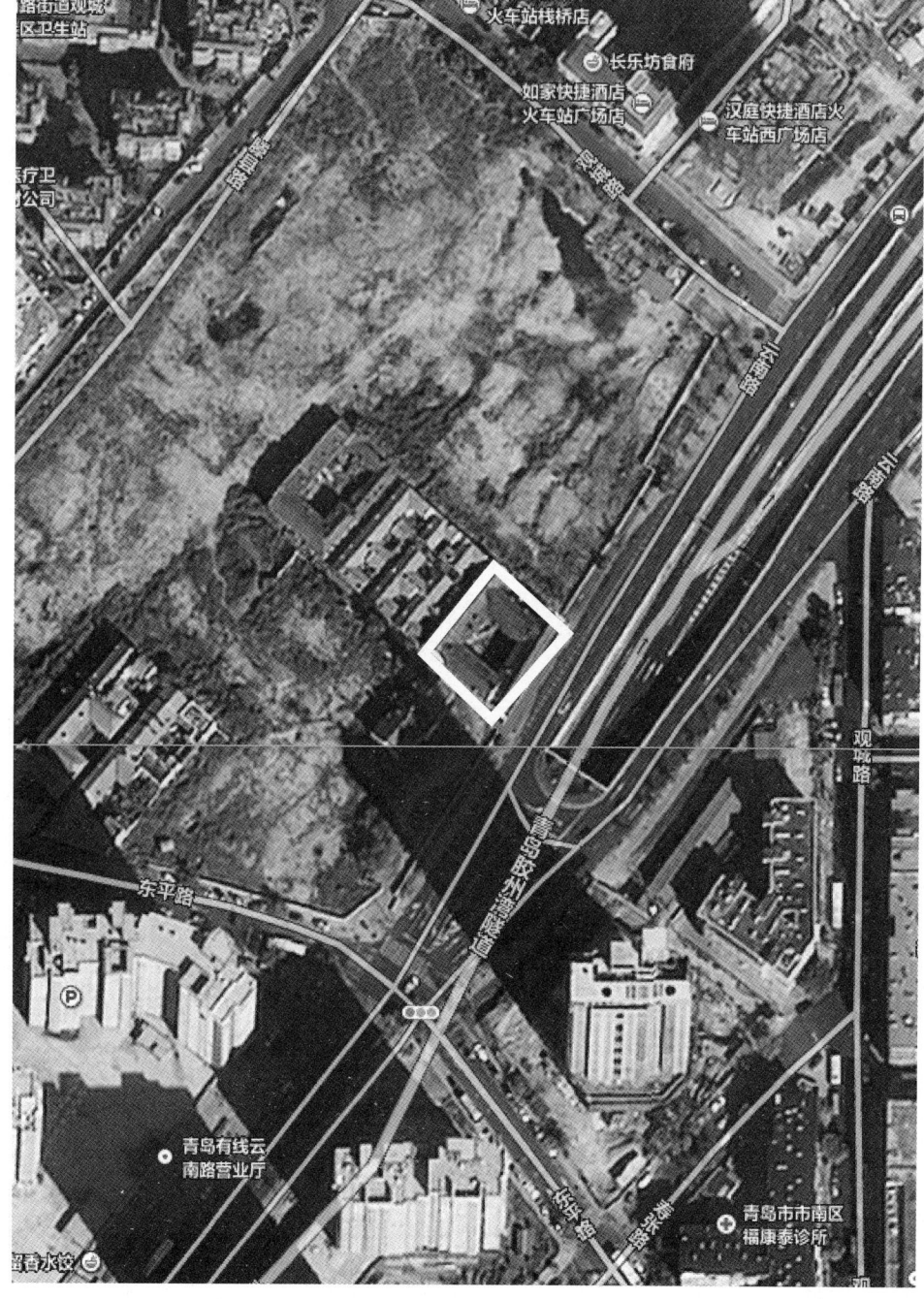

云南路 171 号院位于云南路北侧，占地面积约 750 平方米，是一个四边形的院落。院内二层外廊采用木构，里院主体采用砖混结构。

站在云南路 171 号南院院内西侧向东看

站在南院北侧外廊向南看

站在南侧院内东南角楼梯向西看

233

# 88. 云南路 182 号

云南路 182 号院位于云南路南侧，占地面积约 399 平方米，是一个矩形的院落。里院 2 层，二层外廊采用木构，主体采用砖混结构。

站在云南路上向东南方向看云南路 182 号院的西北立面

# 89. 云南路 307 号

云南路 307 号院位于云南路南侧，占地面积约 627 平方米，是一个矩形的院落。院内二层外廊采用木构，里院主体采用砖混结构。

站在院内向东南看里院入口处

站在东侧二层外廊向北看

站在院内向北看通往二层的楼梯

# 90. 云南路 172 号

云南路 172 号院位于云南路南侧，占地面积约 475 平方米，是一个矩形的院落。院内二层外廊采用木构，里院主体采用砖混结构。

站在云南路北侧向南看云南路 172 号院北立面

# 91. 嘉祥路 76 号甲

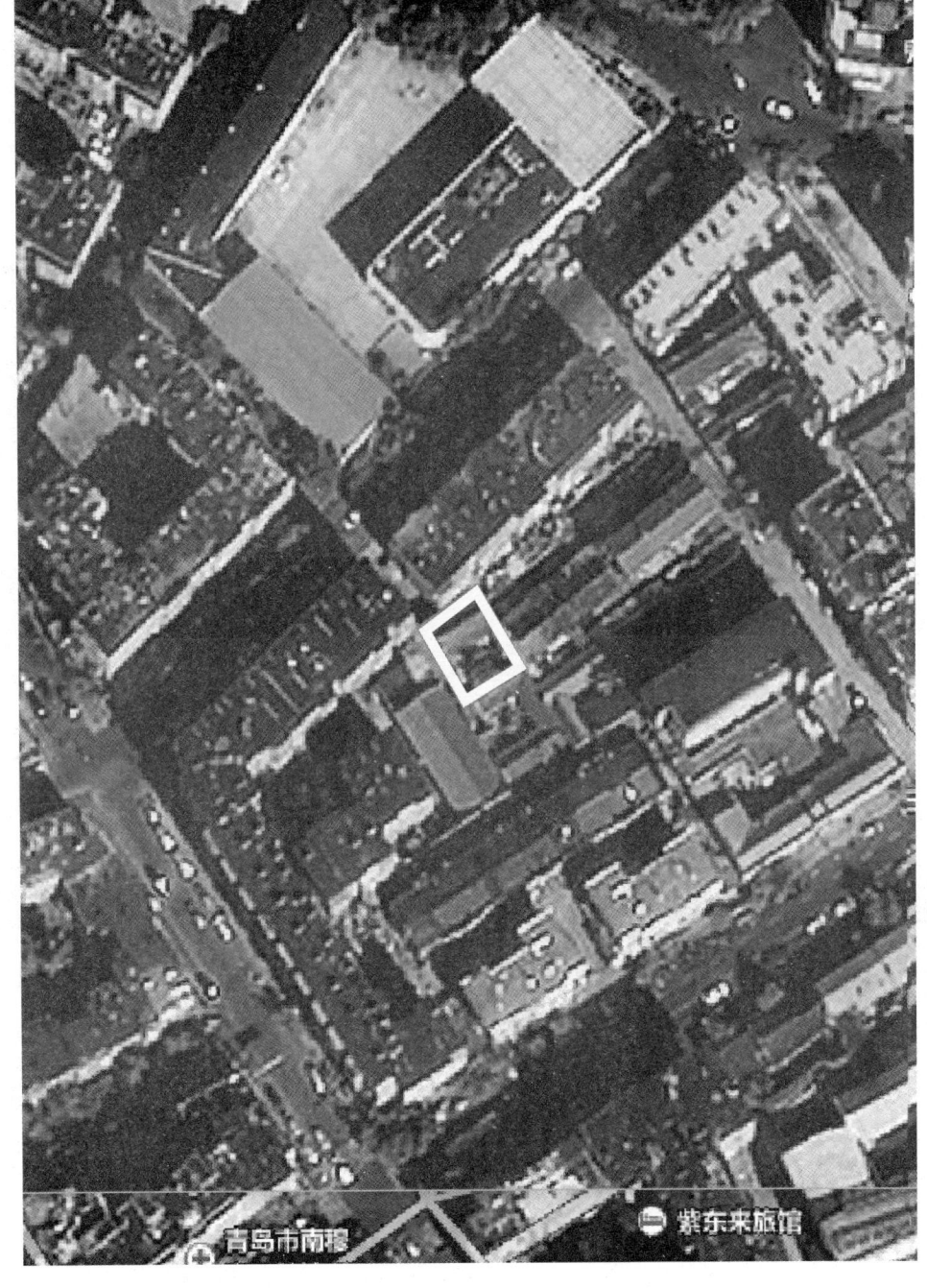

嘉祥路 76 号甲院位于嘉祥路南侧，占地面积约 272 平方米，是一个矩形的院落。院内二层外廊采用木构，里院主体采用砖混结构。

站在院东北侧楼梯上向西南看

站在西北侧二层外廊向东南看

站在院内入口处看东北向

# 92. 郓城南路 14 号

郓城南路 14 号位于郓城南路西侧，占地
面积约 612 平方米，2 层，是一个 U 形院子。
立面粉色，红色瓦屋面，里院主体采用砖
混结构。

站在院内西南侧二层外廊上中部由西向东看

站在院内西侧角部楼梯

站在院内南侧角部楼梯

站在郓城南路上由东南向西北看入口

243

站在郓城南路 14 号东南侧二层外廊上由东南向西北看

郓城南路 14 号屋顶烟囱·

站在郓城南路与南阳路交叉口向东北方向看郓城南路 14 号东南外立面

站在院内东侧角部由东南向西北看

站在郓城南路 14 号院内东南入口处由东南向西北看

# 93. 西康路 6 号

西康路 6 号位于西康路南侧，占地面积约
460 平方米，3 层。立面灰色，红色瓦屋面，
里院主体采用砖混结构。

站在西康路 6 号院内北侧由北向南看

站在西康路支路上由东向西看西康路 6 号甲入口

站在西康路 6 号院内北侧由北向南看

# 94. 贵州路 22 号

贵州路 22 号位于贵州路北侧，占地面积约
308 平方米，2 层。立面黄色，红色瓦屋面，
里院主体采用砖混结构。

站在贵州路 22 号院内南侧二层外廊上由南向北看

**图书在版编目（CIP）数据**

青岛里院视觉档案3 / ADA研究中心. -- 北京 ：
中国建筑工业出版社，2018.11
ISBN 978-7-112-22806-5

Ⅰ．①青… Ⅱ．①A… Ⅲ．①民居— 建筑艺术—青岛—画册 Ⅳ.
①TU241.5-64

中国版本图书馆CIP数据核字(2018)第239137号

**感谢北京建筑大学建筑设计艺术研究中心建设项目的支持**

责任编辑：易　娜　边　琨
责任校对：芦欣甜

青岛里院视觉档案 3

ＡＤＡ研究中心
现代建筑研究所　　　　　编著
世界聚落文化研究所
*
中国建筑工业出版社出版、发行（北京海淀三里河路9号）
各地新华书店、建筑书店经销
天津翔远印刷有限公司印刷
*
开本：965×1270毫米 横1/16 印张：16¼ 字数：310千字
2018年12月第一版　　2018年12月第一次印刷
定价：75.00元
ISBN 978-7-112-22806-5
(32922)